高职高专计算机类专业系列教材

C语言程序设计

项目化教程

主　编　罗来曦

副主编　陈根金　袁　琦　简靖鞯

参　编　李纪杨　方　珍　周俊杰

　　　　李蹊然　朱　渔　吕麦丝

　　　　郭姗姗　贾江波

西安电子科技大学出版社

内容简介

本书以项目—模块的形式进行编写，内容包括简易计算器、学生成绩管理系统和图书信息管理系统 3 个基础项目，以及贪吃蛇游戏和智能跟随系统两个拓展实训项目，涵盖了认识 C 语言程序，简易计算器中的数据类型与运算，简易计算器中菜单的设计，使用数组实现学生成绩操作，利用函数设计学生成绩管理成绩管理系统整体框架结构，使用指针实现学生成绩操作，图书信息的添加、浏览和删除以及图书数据的存储共 8 个知识与应用模块。

全书配有内容丰富的视频资料，读者可以直接扫码观看；同时配有在线教学资料，可以进入在线课程下载相关资料。

本书既可作为高职院校 C 语言程序设计课程的教材，也可作为程序爱好者的自学参考书。

图书在版编目（CIP）数据

C语言程序设计项目化教程 / 罗来曦主编. —西安：西安电子科技大学出版社，2022.9
ISBN 978−7−5606−6593−1

Ⅰ. ① C… Ⅱ. ① 罗… Ⅲ. ① C语言—程序设计—高等职业教育—教材 Ⅳ. ① TP312.8

中国版本图书馆CIP数据核字(2022)第 154010 号

策　　划　　李鹏飞　李　伟
责任编辑　　李鹏飞
出版发行　　西安电子科技大学出版社(西安市太白南路 2 号)
电　　话　　(029)88202421　88201467　　　　邮　　编　　710071
网　　址　　www.xduph.com　　　　　　　　电子邮箱　　xdupfxb001@163.com
经　　销　　新华书店
印刷单位　　陕西天意印务有限责任公司
版　　次　　2022 年 9 月第 1 版　　2022 年 9 月第 1 次印刷
开　　本　　787 毫米 × 1092 毫米　　1/16　　印　张　18
字　　数　　424千字
印　　数　　1～3000 册
定　　价　　59.00 元
ISBN 978−7−5606−6593−1 / TP

XDUP 6895001−1
如有印装问题可调换

P 前言
reface

C 语言是一门基础并且通用的计算机程序设计语言。它具有高级语言和汇编语言的双重特性，可以广泛应用于不同的操作系统，还可以应用于很多硬件开发，例如嵌入式系统的开发。同时，由于 C 语言相对简单易学，因此一直受到广大编程人员的青睐，通常是编程初学者首选的一门程序设计语言。

本书从初学者的角度出发，以 3 个项目和 2 个实训为主线，通过 8 个模块依次递进的方式，给读者提供了 C 语言从入门到实战所需掌握的相关知识、技术和拓展训练项目。本书知识体系如下所示：

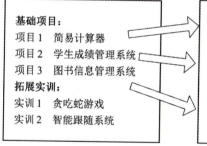

本书以项目—模块的形式呈现，由浅入深，提供了 111 个实训实例和 37 个拓展训练，每一模块都配有精彩详尽的视频讲解，且后期会对这些视频不断进行补充和更新。通过实例让读者边学边练，透彻解析程序开发中所需要的各方面知识点，并通过拓展训练等巩固知识点，有效地引导初学者快速入门，体验编程的快乐和成就感。同时，本书配有相应的课件、实例源代码、项目源代码、拓展训练源代码以及课后习题等学习资料，扫

描书中的二维码可进入视频学习。

　　本书的编写和整理工作由宜春职业技术学院"C 语言程序设计"课程组完成，主要参与人员有罗来曦、陈根金、袁琦、简靖韡、李纪杨、方珍、周俊杰、李蹊然、朱渔、吕麦丝、郭姗姗、贾江波等，感谢全体成员在编写过程中付出的努力。由于编者水平有限，书中疏漏之处在所难免，恳请各位专家及广大读者多提宝贵意见，以便修订时完善本书。

编　者

2022 年 6 月

C目录ontents

拓展实训篇

基础项目篇

项目 1　简易计算器

项目设置意义

　　本项目以实现简易计算器为背景，介绍C语言的数据类型和运算、程序的控制结构等。按照理论知识的先后顺序，本项目分解为3个模块，通过对理论知识的学习和本项目的实现，读者可了解C语言的编程特点并能够编写简单的程序。

项目功能分析

　　本项目实现的计算器要能够完成基本的数学运算功能。在设计时先从整体出发，再考虑局部细节，也就是遵循"自顶向下、逐步细化"的设计原则。按照这一设计原则，本项目功能的分析设计与实现的顺序是计算器功能→组成计算器的主要功能→实现每个功能。

　　将简易计算器的功能设计为计算整型数据和实型数据的加、减、乘、除四则运算。为增强用户体验感，首先向用户提供系统操作界面，给出加、减、乘、除和退出5个选项。在用户选择某一选项后 (退出选项除外)，系统提示输入第一个运算数和第二个运算数，然后系统自动计算出对应的运算结果，最后询问用户是否继续。如果输入字母 y 或 Y，则重新返回主菜单；如果输入其他字母，则结束计算并退出系统。另外，为了使用方便，主菜单特设 0 选项，选择该选项也能正常退出系统。

　　学习完成该项目后，可自行设计简易计算器，并增加其他的运算类型。

项目模块分解

　　模块 1　认识 C 语言程序
　　模块 2　简易计算器中的数据类型与运算
　　模块 3　简易计算器中菜单的设计

简易计算器的
实现解析

模块1 认识C语言程序

【学习目标】

- 熟练掌握 Visual C++ 2010 的 C 语言程序开发流程；
- 熟练掌握 C 语言的基本数据类型、常量和变量、运算符和表达式；
- 理解输入 / 输出函数、顺序结构程序设计、选择结构程序设计和循环结构程序设计；
- 初步掌握利用 C 语言进行软件开发的基本方法和步骤。

【模块描述】

通过 Visual C++ 2010 学习版的使用，实现简易计算器中的系统操作界面。

【源代码参考】

```
#include<stdio.h>
void main(){
    printf("\n\n\n");
    printf("\t**********************************\n");
    printf("\n");
    printf("\t          简易计算器          \n\n");
    printf("\t          1-- 加法          \n\n");
    printf("\t          2-- 减法          \n\n");
    printf("\t          3-- 乘法          \n\n");
    printf("\t          4-- 除法          \n\n");
    printf("\t          0-- 退出          \n\n");
    printf("\t**********************************\n");
    printf("\n\n");
}
```

【思政教育】

虽然我国在计算机领域的发展比较晚，但是现在也有了长足的发展。

2020 年 12 月 4 日，我国的"九章"量子计算机问世，它比美国的"悬铃木"计算机的速度要快百亿倍。我国是继美国之后，全球第二个实现"量子优越性"的国家。不仅如此，美国的"悬铃木"计算机只有在零下 273℃下才能进行运算，而我国的"九章"计算机的所有试验全部都是在常温下进行的。综合对比之下，我国"九章"计算机的水平远高于美国的"悬铃木"计算机。

2021 年，由中国科学技术大学潘建伟、陆朝阳、刘乃乐等组成的研究团队与中国科学院上海微系统与信息技术研究所和国家并行计算机工程技术研究中心合作，构建了 113 个光子 144 模式的量子计算原型机"九章二号"，它完成了对用于演示"量子计算优越性"的高斯玻色取样任务的快速求解，求解速度比目前全球最快的超级计算机快 10^{24} 倍 (亿亿亿倍)。

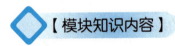

程序与程序设计语言介绍

1.1 程序与程序设计语言

程序是为实现特定目标或解决特定问题而用计算机语言 (程序设计语言) 编写的一系列语句和指令，程序的执行过程就是执行这些指令并实现其功能的过程。程序设计语言提供了数据表达与数据处理功能，编程人员必须按照程序设计语言的语法要求进行编程。程序具有以下特点：

(1) 可完成某一特定的任务；

(2) 应使用某种程序设计语言描述如何完成该任务；

(3) 存储在计算机中，并且被运行后才能起作用。

1.1.1 程序设计语言的发展

自 20 世纪 60 年代以来，程序设计语言已有上千种之多，其发展主要经历了以下几个阶段。

1. 第一代计算机语言——机器语言

机器语言是低级语言，是机器指令的集合。它由二进制 0、1 代码指令构成，特点是不需翻译即可由计算机直接识别和解读。用机器语言编写的程序称为目标程序 (Object Program)。

机器语言的缺点为：难编写、难修改和难维护，需要用户直接对存储空间进行分配，编程效率极低。

2. 第二代计算机语言——汇编语言

汇编语言是面向机器的程序设计语言。它用助记符代替机器指令，用地址符号或标号代替指令或操作数的地址。

汇编语言的优点为：可直接访问系统接口，因此由汇编程序翻译成的机器语言程序的执行效率较高。

3. 第三代计算机语言——高级语言

高级语言是一种独立于机器、面向过程或对象的语言，是参照数学语言而设计的近似于日常会话的语言。它的语言结构和计算机本身的硬件以及指令系统无关，其可阅读性更强，能够方便地表达程序的功能，更好地描述所使用的算法。

高级语言并不是特指某一种具体的语言，而是包括很多种编程语言，如流行的 Java、C、C++、C#、Python 等。高级语言是一种需要经过解释或编译才能执行的语言。

按照语言的特性，高级语言又经历了以下不同的发展阶段：

(1) 非结构化的语言。人们在早期使用高级语言编程时，编程风格比较随意，没有编程规范可以遵循，程序中的流程可以随意跳转，只追求程序的执行效率，而不顾及程序的结构。例如，早期的 Basic 就属于非结构化的语言。

(2) 结构化的语言。1970 年，出现了第一个结构化程序设计语言——Pascal 语言。结构化程序设计采用自顶向下、逐步求精的设计方法，各个模块通过"顺序、选择和循环"的控制结构进行连接，并且只有一个入口和一个出口。结构化程序设计的原则可表示为：程序 = 算法 + 数据结构。算法是一个独立的整体，数据结构 (包含数据类型与数据) 也是一个独立的整体。二者分开设计，且以算法 (函数或过程) 为主。例如，QBasic、Pascal和 C 都属于结构化的语言。

(3) 面向对象的语言。自 20 世纪 80 年代开始，提出了面向对象 (Object Oriented) 的程序设计思想。面向对象语言是一类以对象作为基本程序结构单位的程序设计语言，其描述的设计是以对象为核心的，而对象是程序运行时刻的基本成分。面向对象的语言中提供了类、继承等成分，有封装性、继承性、抽象性和多态性 4 个主要特点。例如，C++、C#和 Java 都属于面向对象的语言。

1.1.2　程序设计语言的功能

程序设计语言是人与计算机进行交流的桥梁，人要让计算机按照自己的意愿处理数据，就必须用程序设计语言表达所要处理的数据以及控制数据处理的流程。因此，程序设计语言必须具有数据表达 (即定义变量) 与数据处理 (即流程控制) 的能力。

1. 数据表达

数据是计算机处理的对象，在解决实际问题时，通常会包含各种类型的数据，数据类型就是对某些具有相同性质的数据集的总称。数据类型具有两层含义，即该数据类型所能

表示的数据 (取值范围) 和对该数据类型所能进行的操作 (运算类型)。

2. 流程控制

计算机对数据的处理是通过程序语言的一系列流程控制语句实现的。按照结构化程序设计的特征，任何程序的基本结构都可以通过 3 种基本的控制结构进行组合来实现。

(1) 顺序控制结构：一条语句执行后，按照自上而下的自然顺序执行下一条语句。

(2) 选择控制结构：计算机在执行程序时，常常需要根据不同的条件选择执行不同的语句。

(3) 循环控制结构：在满足条件的情况下，重复执行相同的语句。

3 种基本控制结构的共同特点如下：

① 只有单一的入口和单一的出口；

② 结构中的每个部分都有被执行的可能；

③ 结构内不能出现永不终止的死循环。

C语言的发展
及其特点

1.2　C 语言程序设计的特点

C 语言设计精巧、功能齐全，它既具有 Pascal、Cobol 等通用程序设计语言的特点，又具有汇编语言的一些特点。因此，C 语言既可用于编写应用程序，又适合于编写系统软件。

1.2.1　C 语言的发展历史

1967 年，剑桥大学的 Martin Richards 对 CPL(Combined Programming Language) 语言进行了简化，于是产生了 BCPL(Basic Combined Programming Language) 语言。

20 世纪 60 年代，美国 AT&T 公司贝尔实验室 (AT&T Bell Laboratory) 的研究员 Ken Thompson 闲来无事，想玩一个由他自己编写的、模拟在太阳系航行的电子游戏——Space Travel。于是他背着老板，找到了一台空闲的机器——PDP-7。但这台机器没有操作系统，而游戏必须使用操作系统的一些功能，于是他着手为 PDP-7 开发操作系统。后来，他开发的操作系统被命名为 UNIX。

1970 年，Ken Thompson 以 BCPL 语言为基础，设计出很简单且很接近硬件的 B 语言 (取 BCPL 的首字母)。他还用 B 语言写了第一个 UNIX 操作系统。

1971 年，同样酷爱 Space Travel 游戏的美国贝尔实验室的 Dennis M. Ritchie 为了能早点玩上游戏，加入了 Thompson 的开发项目，合作开发 UNIX 操作系统。他的主要工作是改造 B 语言，使其更成熟。

1972 年，Dennis M. Ritchie 在 B 语言的基础上最终设计出了一种新的语言，他取 BCPL 的第二个字母作为这种语言的名字，这就是 C 语言。

1973 年，C 语言的主体部分被设计完成。紧接着，Thompson 和 Ritchie 迫不及待地用 C 语言完全重写了 UNIX 操作系统。此时，编程的乐趣使他们完全忘记了 Space Travel 游戏，他们一门心思地投入到了 UNIX 和 C 语言的开发中。随着 UNIX 的发展，C 语言自身也在不断地完善。直到 2021 年，各种版本的 UNIX 内核和周边工具仍然使用 C 语言作为最主要的开发语言，其中还有不少代码是继承 Thompson 和 Ritchie 的源代码。

1.2.2　C 语言的特点

C 语言是一种结构化语言，它有着清晰的层次，可按照模块的方式对程序进行编写，十分有利于程序的调试。C 语言的处理和表现能力都非常强大，依靠非常全面的运算符和多样的数据类型，可以轻易完成各种数据结构的构建，通过指针类型更可对内存直接寻址以及对硬件进行直接操作，因此既能够用于开发系统程序，也可用于开发应用软件。C 语言的主要特点有以下几个方面。

1. 简洁的语言

C 语言仅有 9 种控制语句，程序书写形式自由，一行中可书写多条语句，一条语句可书写在不同的行上。

2. 具有结构化的控制语句

C 语言是一种结构化的语言，其控制语句具有结构化的特征，如 for 语句、if…else 语句、switch 语句等，可用于实现函数的逻辑控制，方便面向过程的程序设计。

3. 丰富的数据类型

C 语言包含的数据类型比较广泛，不仅包含有传统的字符型、整型、浮点型、数组类型等数据类型，还包含有其他编程语言所没有的数据类型，其中指针数据类型的使用最为灵活，它可通过编程对各种数据类型进行计算。

4. 丰富的运算符

C 语言包含 15 级运算符，它将赋值、括号等均当作运算符来操作，这使得 C 程序的表达式类型和运算符类型都非常丰富。

5. 可对物理地址进行直接操作

C 语言允许对硬件内存地址进行直接读写，以此可以实现汇编语言的主要功能。C 语言不但具备高级语言所具有的良好特性，又包含了许多低级语言的优势，故在系统软件编程领域有着广泛的应用。

6. 代码具有较好的可移植性

C 语言是面向过程的编程语言，用户只需要关注所被解决问题的本身，而不需要花费过多的精力去了解相关硬件，且针对不同的硬件环境，在用 C 语言实现相同功能时的代码基本一致，不需或仅需进行少量改动便可完成移植。这就意味着，对于一台计算机编写的 C 程序可以在另一台计算机上轻松地运行，从而极大地减小了程序移植的工作强度。

7. 可生成高质量、目标代码执行效率高的程序

与其他高级语言相比，C 语言可以生成高质量和高效率的目标代码，故通常应用于对代码质量和执行效率要求较高的嵌入式系统程序的开发。

1.3　C 语言程序的编辑、编译、链接和运行

1.3.1　程序设计的步骤

使用计算机解决实际问题的过程，一般由以下几个步骤组成。

1. 分析问题

在着手解决问题之前，应该充分地分析问题、理解问题，明确原始数据、解题要求、需要输出的数据及形式等。

2. 设计算法

算法是对问题求解过程和步骤的描述。首先将精力集中于算法的总体规划，然后逐层降低问题的抽象性，逐步充实细节，直到把抽象的问题具体化成可用数学公式表达的形式，从而形成问题的算法。这是一个自上而下、逐步细化的过程，最后用流程图或伪代码等形式给出算法的描述。

3. 程序设计

程序设计是指采用某种计算机语言对为解决某问题所设计的算法进行实现的过程。

4. 运行并调试程序

程序完成设计并输入计算机以后，就到了运行并调试程序阶段。运行程序通常包括编译、链接、运行等操作。编译程序对源程序进行语法检查，若编译顺利通过，则编译程序将源程序转换为目标程序。大多数程序设计语言往往还要使用链接程序把目标程序与系统提供的库文件进行链接以得到最终的可执行文件。若编译过程中出错则给出错误提示信息，此时要进行程序调试，查找并改正源程序的错误后再重新编译，直到没有语法错误为止。

5. 分析程序运行结果

对于经过成功编译和链接并最终顺利运行结束的程序，编程者还要对程序运行的结果进行分析，只有得到正确结果的程序才是正确的程序。

6. 编写程序文档

程序文档通常指的是程序使用说明书，内容包括程序名称、程序功能、运行环境、程序运行方式、运行所需数据及使用注意事项等。

C语言开发环境介绍

1.3.2　运行 C 程序的步骤和方法

使用 C 语言解决实际问题，从编写程序到上机运行，一般要经过编辑源程序→对源

程序进行编译→与库函数链接→运行目标程序等步骤，如图 1-3-1 所示。

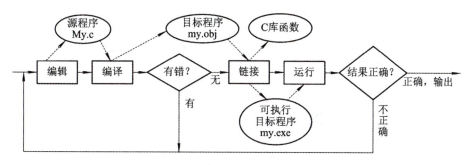

◆ 图 1-3-1 程序的编辑、编译和运行流程

1. 编辑源文件

首先将编写的 C 语言源程序输入到计算机中，并以文件的形式保存起来，C 语言源程序的扩展名为 .c，如 hello.c。C 语言源程序为文本文件，可以用文本编辑器 (如记事本) 编辑，也可以用 C 编译系统提供的集成开发系统进行编辑。

2. 编译

C 语言源程序编辑好后，接下来要做的是编译。编译程序所要做的工作就是通过词法分析和语法分析，在确认所有的指令都符合语法规则之后，将其翻译成二进制目标程序文件。文件扩展名为 .obj，如 hello.obj。

3. 链接

编译生成目标程序后，还要进行链接。链接就是将目标程序与系统提供的库函数或者其他目标程序进行链接，得到最终的二进制可执行文件。

4. 运行

可执行文件运行后，结果会显示在屏幕上，这时要验证程序的运行结果，如果发现运行结果与设计目的不相符，说明程序在设计思路或算法上出现了问题，还需要重新检查源程序，找出问题并进行修改。

1.3.3　Visual C++2010 学习版的安装与使用

C 语言程序的集成开发工具很多，如 Turbo C、Visual C++、Dev-Cpp、CodeBlocks、Visual Studio、C-Free 等。本书中主要介绍 Visual C++ 学习版编译环境中 C 语言程序的编译和运行。

1. Visual C++2010 学习版的安装

Visual C++2010 学习版的安装步骤如下：

(1) 在 C 语言程序设计在线课程资料的软件文件夹中下载安装文件 (如图 1-3-2 所示)，并对其进行解压。

◆ 图 1-3-2　安装文件

(2) 双击安装文件进行安装。首先加载安装组件，如图 1-3-3 所示。然后按照操作引导依次单击"下一步"，如图 1-3-4 ～图 1-3-7 所示。最后显示安装成功，如图 1-3-8 所示。

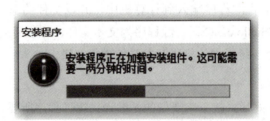

◆ 图 1-3-3　加载安装组件

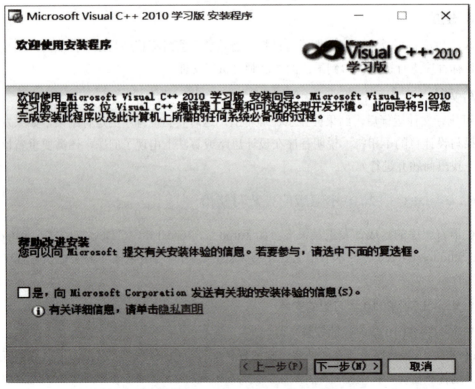

◆ 图 1-3-4　取消发送安装体验信息

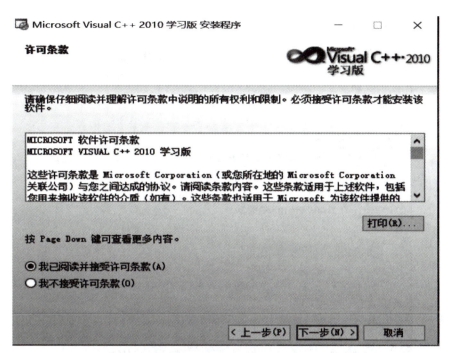

◆ 图 1-3-5 选择"我已阅读并接受许可条款"

◆ 图 1-3-6 取消选择要安装的可选产品

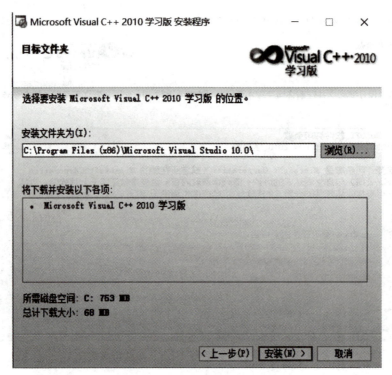

◆ 图 1-3-7　选择安装文件夹

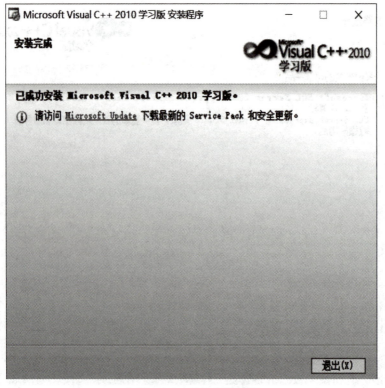

◆ 图 1-3-8　显示安装成功

2. Visual C++2010 学习版的使用

(1) 在"开始"菜单中找到 Visual C++2010 启动项并单击之，如图 1-3-9 所示。

◆ 图 1-3-9 "开始"菜单项

(2) 启动 Visual C++2010 后，进入选择新建项目界面，如图 1-3-10 所示。

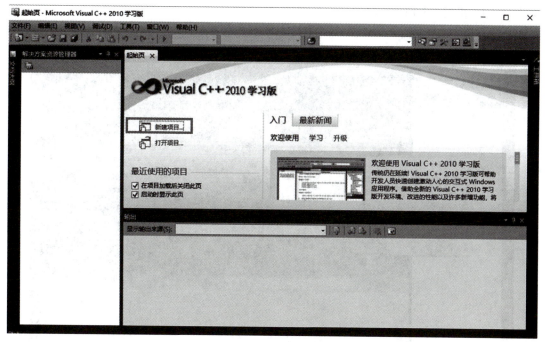

◆ 图 1-3-10 新建项目

(3) 选择相应的项目，设置项目名称和存放位置，如图 1-3-11 所示。

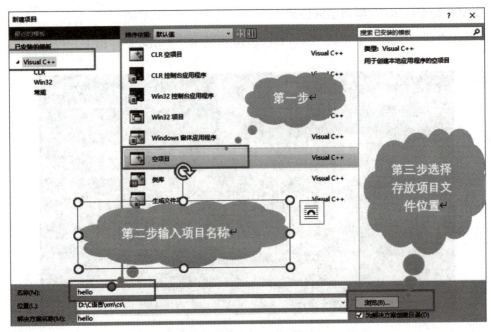

◆ 图 1-3-11 设置项目名称和存放位置

(4) 进入项目界面，创建 C 语言源程序文件，右击源文件，创建 C 源文件并为其命名，如图 1-3-12 和图 1-3-13 所示。

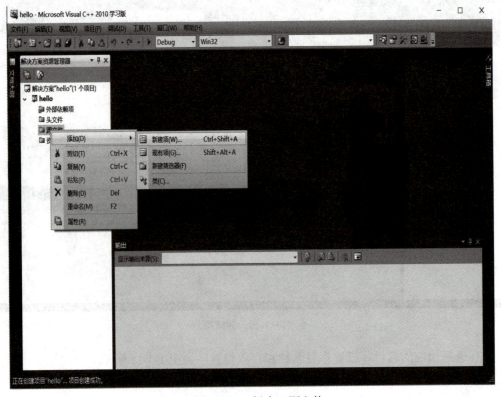

◆ 图 1-3-12 创建 C 源文件

◆ 图 1-3-13　C 源文件命名

(5) 编写源代码，保存并编译运行，如图 1-3-14 所示。

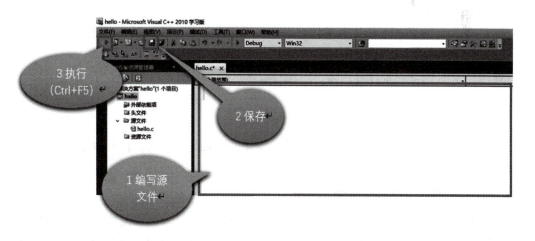

◆ 图 1-3-14　编写、保存并编译源代码

提示：开始执行（不调试）按钮需要利用工具栏中添加或移除按钮来添加到工具栏中，项目需通过单击属性→链接器→系统→子系统来选择"控制台"选项。

1.4　第一个 C 语言程序——"Hello，World!"

一个简单 C 语
言程序介绍

1.4.1　"Hello，World!" C 语言程序

图 1-4-1 所示为一个运行后的输出为"Hello，World!"的 C 语言程序，通过该程序可对 C 语言源程序有一个初步的认识。

```
hello.c* ×
(全局范围)                                          ▼ ● main()
#include <stdio.h>    预处理器指令
  /* 我的第一个 C 程序 */   注释
int  main(){    主函数
    printf("Hello,World!");    语句&表达式
    return 0;  语句&表达式
}
```

◆ 图 1-4-1　"Hello,World!" C 语言程序

下面对该程序作一说明：

(1) 该程序只由一个主函数构成，程序的第 1 行是文件包含命令行，第 2 行为定义主函数命令行，函数名后面的一对圆括号()内用来添加函数的参数，参数可以有，也可以没有，但圆括号不能省略。

(2) 程序中 {} 内的程序称为函数体，函数体通常由一系列语句组成，每一个语句用分号结束。

(3) /* */ 之间的文字是注释内容，不参与程序运行，目的是提高程序的可读性。

1.4.2　C 语言程序的基本组成部分

C 语言程序主要包括预处理命令、函数、变量、表达式和语句、注释等部分。下面介绍一种常用的预处理命令和 main 函数。

1. #include 称为文件包含命令

#include 文件包含命令是一种常用的预处理命令，它告诉预处理器将指定头文件的内容插入到预处理器命令的相应位置。采用 #include 命令所插入的文件，通常文件扩展名是 .h，该文件包括函数原型、宏定义和类型定义。只要使用 #include 命令，这些定义就可被任何源文件使用。插入头文件的方式有以下两种：

第一种：#include <文件名>。

第二种：#include "文件名"。

如果需要包含标准库头文件或者实现版本所提供的头文件，应该使用第一种格式，如

下例所示：

#include <math.h>	// 一些数学函数的原型以及相关的类型和宏

如果需要包含针对程序所开发的源文件，则应该使用第二种格式，如下例所示：

#include "myproject.h"	// 用在当前项目中的函数原型、类型定义和宏

2. main 函数

int main() 是 C 语言 main 函数的一种声明方式。其中 int 表示函数的返回值类型，表示该主函数的返回值是一个 int 类型的值；main 表示主函数，是 C 语言约定的程序执行入口，其标准的定义格式为：

```
int main(int argc, char *argv[])
```

在 int main() 中，() 中没有数值表示参数为空，等同于 int main(void)。

1.4.3　C 语言程序的结构特点

C 语言程序的结构特点如下：

(1) 一个 C 语言程序可以由一个或多个源文件组成，每个源文件可由一个或多个函数组成，函数是 C 语言程序的基本模块单元，每个函数完成相对独立的功能。

(2) 一个 C 语言程序不论由多少个源文件组成，都有一个且只能有一个 main 函数，即主函数，且程序的执行总是从主函数开始的。

(3) 源程序中可以有预处理命令，预处理命令通常应放在 C 语言程序或源文件的最前面。

(4) 每一个说明和每一个语句都必须以分号结尾。但预处理命令和函数头之后不能加分号。

(5) 标识符、关键字之间必须至少加一个空格以示间隔。若已有明显的间隔符，也可以不再加空格来表示间隔。

1.4.4　书写程序时应遵循的规则

从书写清晰，便于阅读、理解和维护的角度出发，在书写程序时应遵循以下规则：

(1) 一个说明或一个语句占一行。

(2) 用 {} 括起来的部分，通常表示程序的某一层次结构。{} 一般与该结构语句的第一个字母对齐，并单独占一行。

(3) 低一层次的语句或说明应比高一层次的语句或说明缩进若干格，以便层次更加清晰，增加程序的可读性。

(4) C 语言严格区分大小写。一般用小写字母书写，只有符号常量或其他特殊用途的符号才使用大写字母，所有关键字必须小写，如 if、else、int 等。

在编程时应力求遵循这些规则，以养成良好的编程风格。

1.5　算　法

算法介绍

计算机要解决某个问题，首先必须针对该问题设计一个解题步骤，然后再据此编写出程序并交给计算机执行。这里所说的解题步骤就是"算法"，采用程序设计语言对问题的对象和解题步骤进行的描述就是程序。

1.5.1　算法的特性

通俗地讲，算法就是解决问题的方法与步骤。尽管针对不同问题所设计的算法也不同，但是算法都应该具有以下 5 个重要的特征：

(1) 有穷性 (Finiteness)：算法必须在执行有限个步骤之后终止。

(2) 确切性 (Definiteness)：算法的每一步骤必须有确切的定义。

(3) 输入项 (Input)：一个算法有 0 个或多个输入，以反映运算对象的初始情况。所谓 0 个输入，是指算法本身定义了初始条件。

(4) 输出项 (Output)：一个算法有一个或多个输出，以反映对输入数据加工后的结果。没有输出的算法是毫无意义的。

(5) 可行性 (Effectiveness)：算法中执行的任何计算步骤都是可以被分解为基本的可执行的操作步骤，即每个计算步骤都可以在有限时间内完成 (也称之为有效性)。

1.5.2　算法的描述

算法的描述有多种形式，如文字描述、流程图描述、伪代码描述和程序设计语言描述等。

1. 用文字描述算法

在日常生活中，人们通常采用自然语言的形式来描述一件事情的经过。下面介绍用文字描述的两个算法。

实例 1-5-1：有 10 个两位的正整数，找出其中最大的数，写出其算法。

(1) 输入第一个数，放入 max 中；

(2) 用 i 统计比较的次数，将其初值置为 1；

(3) 若 i ≤ 9，转第 (4) 步，否则转第 (8) 步；

(4) 再输入一个数，放在 x 中；

(5) 比较 x 和 max 中的数，若 x>max，则将 x 的值赋给 max，否则 max 的值不变；

(6) i 增加 1；

(7) 返回到第 (3) 步；

(8) 输出 max 中的数，此时 max 中的数即为 10 个数中最大的数。

实例 1-5-2：写出求两个自然数的最大公约数的算法。

本实例采用古希腊数学家欧几里得提出的"欧几里得算法"。该算法描述如下：

(1) 输入两个自然数 a、b；

(2) 求 a 除以 b 的余数 r；

(3) 若 r ≠ 0，则执行步骤 (4)，否则转第 (7) 步；

(4) 使 a=b，即用 b 代替 a；

(5) 使 b=r，即用 r 代替 b；

(6) 返回到第 (2) 步；

(7) 输出 b，b 即为 a 和 b 的最大公约数。

这种表示方法的缺点为：很难"系统"并"精确"地表达算法，且有时叙述冗长，不容易理解。

2. 用流程图描述算法

流程图也称框图，传统的流程图由几种基本图形符号组成。它是用一些几何框图、流程线和文字说明来表示各种类型的操作。一般用矩形框表示处理，有一个入口和一个出口；用菱形框表示判断，有一个入口和两个出口；用带箭头的流程线表示操作的走向。在矩形框或菱形框中的文字或符号表示具体的操作。基本图形符号如图 1-5-1 所示。

开始终止框　　　处理框　　　输入输出框　　　判断框　　　流程线　连接点

◆ 图 1-5-1　基本图形符号

结构化程序设计方法 3 种基本结构的流程图如图 1-5-2 所示。

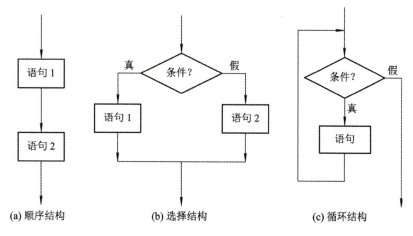

(a) 顺序结构　　　　　(b) 选择结构　　　　　(c) 循环结构

◆ 图 1-5-2　3 种基本结构的流程图表示

实例 1-5-1(有 10 个两位的正整数，找出其中最大的数) 和实例 1-5-2(求两个自然数

的最大公约数) 的流程图如图 1-5-3 所示。

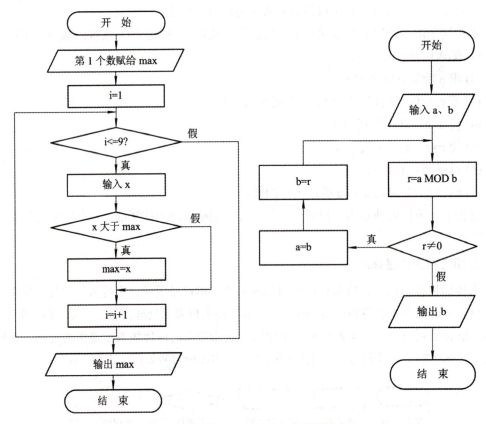

◆ 图 1-5-3　实例 1-5-1、1-5-2 的流程图表示

用流程图表示算法的优点是形象直观、简单方便，但当算法比较复杂的时候，有时难以表达清楚，且容易产生错误。

3. 用伪代码描述算法

伪代码是一种近似高级语言但又不受语法约束的语言描述方式，它不能在计算机中运行，但可以用来描述算法。例如：

```
{
输入第 1 个数赋给 max;
for(i=1;i<=9;i++)
{       输入第 i+1 个数赋给 x;
        if(x>max)
        max=x;
}
输出 max;
}
```

伪代码结构清晰、代码简单且可读性好，并且类似于自然语言，可以很容易通过某种程序设计语言来实现。

4. 用程序设计语言描述算法

对于一些简单问题算法的描述，也可以直接使用某种程序设计语言来描述。

```
01  #include<stdio.h>              /* 包含头文件 */
02  int main()                     /* 定义主函数 main */
03  {
04      int a,b,t;                 /* 定义所用的变量 */
05      a=3;b=5;                   /* 给变量赋值 */
06      t=a;                       /* 变量 a 的值存入变量 t 中 */
07      a=b;                       /* 变量 b 的值赋予变量 a */
08      b=t;                       /* 变量 t 的值赋予变量 b */
09      printf("%d %d",a,b);       /* 输出交换后的变量的值 */
10      return 0;                  /* 程序结束 */
11  }
```

采用程序设计语言描述一个算法，也会有很多不便。因为按照程序设计语言的语法规则，往往要编写很多与算法无关而又十分烦琐的语句，如定义变量、输入/输出格式描述等。因此，很多时候，若要专注于算法设计的话，经常会用伪代码来描述算法。

习 题 1

一、选择题

1. 以下不属于程序设计的 3 种基本结构的是（　　）。

A. 顺序结构　　　　B. 选择结构　　　　C. 逆转结构　　　　D. 循环结构

2. 算法中对需要执行的每一步操作，必须给出清楚、严格的规定，这属于算法的（　　）。

A. 正当性　　　　B. 可行性　　　　C. 确定性　　　　D. 有穷性

3. 可以将高级语言编写的源程序转换为目标程序的软件是（　　）。

A. 汇编程序　　　　B. 解释程序　　　　C. 编辑程序　　　　D. 编译程序

4. 以下叙述中正确的是（　　）。

A. C 程序的基本组成单位是语句　　　　B. C 语句必须以分号结束

C. C 程序中的每一行只能写一条语句　　　　D. C 程序必须在一行内写完

5. 下列叙述中错误的是 (　　　)。

A. 计算机不能直接执行用 C 语言编写的源程序

B. C 程序经编译后，生成的扩展名为 .obj 的文件是一个二进制文件

C. 扩展名为 .obj 的文件，经链接程序生成扩展名为 .exe 的文件是一个二进制文件

D. 扩展名为 .obj 和 .exe 的二进制文件都可以直接运行

二、填空题

1. 程序设计语言的发展经历了 3 个阶段，即机器语言、汇编语言和_____。

2. 程序设计语言的基本功能包括数据表达与_____。

3. 算法的描述可以有多种形式，如文字描述、流程图描述、伪代码描述和_____描述等。

4. 一个 C 程序总是从_____开始执行的。

5. 使用 C 语言求解实际问题，从编写程序到上机运行，一般要经过的步骤是：编辑源程序、_____、与库函数链接以及运行目标程序。

模块2　简易计算器中的数据类型与运算

【学习目标】

- 熟练掌握 C 语言中的关键字、标识符、注释及数据类型；
- 熟练掌握 C 语言中常量与变量的使用；
- 熟练掌握 C 语言中运算符和表达式的使用。

【模块描述】

在模块一的基础上，实现简易计算器中数据的运算功能。从键盘输入两个运算数，按加、减、乘、除顺序依次进行运算，并输出对应的运算结果。

【源代码参考】

```
#include<stdio.h>
void main(){
```

```
float data1,data2;              // 存放两个操作数
printf("\n\n\n");
printf("\t**********************************\n");
printf("\n");
printf("\t        简单计算器           \n\n");
printf("\t           1-- 加法          \n\n");
printf("\t           2-- 减法          \n\n");
printf("\t           3-- 乘法          \n\n");
printf("\t           4-- 除法          \n\n");
printf("\t           0-- 退出          \n\n");
printf("\t**********************************\n");
printf("\n\n");
printf("\t 请输入第一个操作数： ");
scanf("%f",&data1);
printf("\t 请输入第二个操作数： ");
scanf("%f",&data2);
printf("\t %f+%f=%f\n",data1,data2,data1+data2);
printf("\t %f-%f=%f\n",data1,data2,data1-data2);
printf("\t %f*%f=%f\n",data1,data2,data1*data2);
printf("\t %f/%f=%f\n",data1,data2,data1/data2);}
```

【思政教育】

本模块主要内容为数据类型和表达式，这是编程语言中最基础的知识。学习任何知识都不能忽视最基础的内容，要重视点滴的积累。

"不积跬步，无以至千里"出自《劝学》："故不积跬步，无以至千里；不积小流，无以成江海。骐骥一跃，不能十步；驽马十驾，功在不舍。锲而舍之，朽木不折；锲而不舍，金石可镂。"其意思是：所以不积累一步半步的行程，就没有办法达到千里之远；不积累细小的流水，就没有办法汇成江河大海。骏马一跨跃，也不足十步远；劣马连走十天，它的成功在于不停止。（如果）刻几下就停下来了，（那么）腐朽的木头也刻不断。（如果）不停地刻下去，（那么）金石也能雕刻成功。

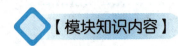

【模块知识内容】

2.1　C语言中的关键字、标识符、注释及数据类型

2.1.1　关键字

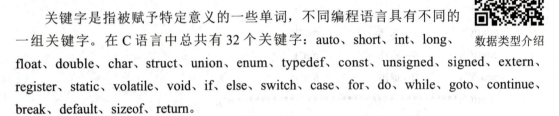

数据类型介绍

关键字是指被赋予特定意义的一些单词，不同编程语言具有不同的一组关键字。在 C 语言中总共有 32 个关键字：auto、short、int、long、float、double、char、struct、union、enum、typedef、const、unsigned、signed、extern、register、static、volatile、void、if、else、switch、case、for、do、while、goto、continue、break、default、sizeof、return。

> 小提示：
> C 语言中的关键字都使用小写字母表示，不能使用大写字母。

2.1.2　标识符

C 语言中的标识符是用来标识变量、函数、数组或其他自定义项目的名称，也可以理解为一个名字，标识符可以分为系统预定义标识符和用户自定义标识符。

1. 系统预定义标识符

由于 C 语言中提供了大量的头文件和库函数，这些头文件和库函数中定义的一些标识符统称为预定义标识符。C 语言允许用户定义的标识符与预定义标识符同名，但是此时预定义标识符就失去了原有的作用。

2. 用户自定义标识符

除系统预定义的标识符之外，C 语言还允许用户自定义标识符，但是自定义标识符要遵循一定的命名规则。

(1) 标识符由大小写字母 (A ～ Z 和 a ～ z)、数字 (0 ～ 9) 和下画线 (_) 组成，其他字符不允许出现在标识符中，并且规定第一个字符必须是大小写字母或下画线，不能是数字。例如：

1_name	//错误写法，第一个字母不能为数字
+age	//错误写法，第一个字母是不被允许的其他字符
_name	//正确写法
Name1	//正确写法

(2) 标识符区分大小写字母。例如：Name 和 name 代表两个不同的标识符。

| Name | // 正确写法 |
| name | // 正确写法 |

(3) 标识符不能是前面介绍的 32 个关键字中的任何一个。例如：case 用作标识符是错误的，因为 case 是 C 语言关键字，不能当做标识符，例如：

| case | // 错误写法 |

> **小提示：**
>
> 标识符虽然可由程序员随意定义，但标识符是用于标识某个量的符号，因此，命名应尽量有相应的意义，以便于阅读和理解，做到"顾名思义"。

2.1.3　注释

注释的作用是提示或解释代码的含义，注释可以出现在代码中的任何位置。程序编译时，会忽略注释，不对它做任何处理。

C 语言中有以下两种注释方式：

(1) 单行注释：以"//"开头，直到本行末尾 (不能换行)；

(2) 多行注释：以"/*"开头，以"*/"结尾，注释内容可以有一行或多行。

例如：

```
// 单行注释
/* 多行
  注释 */
```

> **小提示：**
> 在编写 C 语言源代码时，应该多使用注释，这样有助于对代码的理解。

2.1.4　数据类型

数据是计算机处理的对象，而数据又以某种特定的形式存在于计算机，不同的数据类型占用不同的存储空间。C 语言提供了 4 种数据类型，包括基本类型、构造类型、指针类型和空类型，如图 2-1-1 所示。这一小节仅对 C 语言中的基本数据类型进行介绍，其他类型将在后续模块中进行详细介绍。

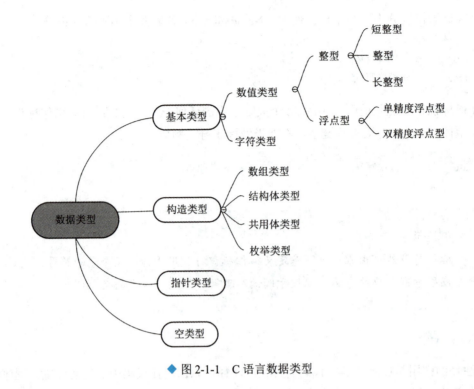

◆ 图 2-1-1   C 语言数据类型

1. 整型

整型分为短整型、无符号短整型、整型、无符号整型、长整型和无符号长整型，如表 2-1-1 所示。

表 2-1-1   整型

类　型	类型说明符	字节数	数值范围
短整型	short	2	$-32\,768 \sim +32\,767(-2^{15} \sim 2^{15}-1)$
无符号短整型	unsigned short	2	$0 \sim 65\,535(0 \sim 2^{16}-1)$
整型	int	4	$-2\,147\,483\,648 \sim 2\,147\,483\,647(-2^{31} \sim 2^{31}-1)$
无符号整型	unsigned int	4	$0 \sim 4\,294\,967\,295(0 \sim 2^{32}-1)$
长整型	long	4	$-2\,147\,483\,648 \sim 2\,147\,483\,647(-2^{31} \sim 2^{31}-1)$
无符号长整型	unsigned long	4	$0 \sim 4\,294\,967\,295(0 \sim 2^{32}-1)$

小提示：

不同类型的数据所占内存的大小随编译系统的不同有所差异。C 语言中并没有规定各种整型数据所占内存的字节数，只要求短整型不长于整型，长整型不短于整型即可。因此，表 2-1-1 所示内容是在 Visual C++2010 环境下的各类整型数据所占用内存的字节数和取值范围。

2. 浮点型

浮点型也叫实型，C 语言中将浮点型分为单精度浮点型和双精度浮点型，如表 2-1-2 所示。

表 2-1-2　浮 点 型

类　型	类型说明符	字节数	数值范围
单精度浮点型	float	4	$3.4 \times 10^{-38} \sim 3.4 \times 10^{38}$
双精度浮点型	double	8	$1.7 \times 10^{-308} \sim 1.7 \times 10^{308}$

> 小提示：
>
> 同样，表 2-1-2 所示内容也仅仅是在 Visual C++2010 环境下的各类浮点型数据所占用内存的字节数和取值范围。

3. 字符型

字符型是一种非数值类型，用关键字 char 表示，其所占用内存字节数和取值范围如表 2-1-3 所示。

表 2-1-3　字 符 型

类　型	类型说明符	字节数	数值范围
字符型	char	1	0～255

2.2　C 语言中的常量与变量

常量解析

2.2.1　常量

常量就是其值在程序运行过程中是不可以改变的数值。常量分为数值型常量、字符型常量和符号常量，如图 2-2-1 所示。

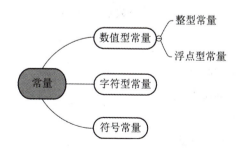

◆ 图 2-2-1　常量及其分类

1. 数值型常量

数值型常量又分为整型常量和浮点型常量。

1) 整型常量

整型常量也即整数，包括正整数、负整数和零。整型常量在程序中有 3 种表示形式：十进制、八进制和十六进制。

(1) 十进制表示。十进制表示的整型常量由数字 0 ～ 9 和正负号组成。例如：

```
123        // 十进制整型常量
0          // 十进制整型常量
-321       // 十进制整型常量
```

(2) 八进制表示。八进制表示的整型常量以数字 0 为前缀，其后由数字 0 ～ 7 组成。例如：

```
0123       // 八进制整型常量
```

(3) 十六进制表示。十六进制表示的整型常量以 0x 或 0X 为前缀，其后由数字 0 ～ 9 和大小写字母 (A ～ F，a ～ f) 组成。例如：

```
0x123      // 十六进制整型常量
0X1aF5     // 十六进制整型常量
```

> **小提示：**
>
> 虽然程序中可以使用 3 种形式表示整型常量，但最终编译器还是将其转换为二进制进行存储。

2) 浮点型常量

在 C 语言中，浮点型常量默认是 double 型，如果在常量后面加字母 f 或 F，则被认为是 float 型。浮点型常量有两种表示形式：小数形式和指数形式。

(1) 小数形式。小数形式的浮点型常量由整数部分、小数点和小数部分组成，整数部分或小数部分为 0 时，可以省略不写，但小数点必须写，且小数点前后至少一边有数字。例如：

```
3.14       // 小数形式 double 型常量
3.         // 小数形式 double 型常量
.34        // 小数形式 double 型常量
1.2f       // 小数形式 float 型常量
2.1F       // 小数形式 float 型常量
```

(2) 指数形式。如果浮点型常量非常大或非常小，使用小数形式表示则不利于观察，此时便可以使用指数形式来表示，指数形式由尾数、字母 E 或 e 和指数部分组成。其格式为：

＋尾数 E(或 e) 指数

例如：

3.14e-2   // 指数形式常量，表示数值 3.14×10^{-2}
1.23E+3   // 指数形式常量，表示数值 1.23×10^{3}

2. 字符型常量

用单引号括起来的一个字符就是字符型常量。如 'A', 'a', '#' 都是合法的字符常量，在内存中占一个字节，用于存放其 ASCII 码值。

(1) 字符常量只能用单引号，不能用双引号，并且单引号 ' ' 是定界符，不属于字符常量的一部分。

(2) 字符常量只能包括一个字符。

(3) 字符常量区分大小写字母。

(4) 字符常量可以是 ASCII 字符集的任意字符，每个字符在内存中占一个字节，用于存储其 ASCII 码值。

(5) 字符常量可直接参与运算，相当于对该字符的 ASCII 码值进行运算。

(6) 转义字符。转义字符是一种特殊形式的字符常量，就是以 "\" 开头的字符序列，后面跟一个或多个字符，作用是将反斜杠后面的字符转换为另外的含义，常见的转义字符及其含义如表 2-2-1 所示。

表 2-2-1 常见转义字符及含义

转义字符	含　义	ASCII 值
\0	空字符	0
\a	响铃	7
\b	退格	8
\t	水平制表符(即横向跳格)	9
\v	竖向跳格	11
\n	回车换行	10
\r	回车	13
\f	换页	12
\'	单引号	39
\"	双引号	34
\\	反斜杠(\)	92

实例 2-2-1： 转义符。

```
01  #include<stdio.h>              /* 包含头文件 */
02  int main()                     /* 定义主函数 main*/
03  {
04      printf("hello\nworld");    /* 换行输出 hello world*/
05      return 0;                  /* 程序结束 */
06  }
```

程序运行结果如图 2-2-2 所示。

◆ 图 2-2-2　实例 2-2-1 运行结果

3. 符号常量

用一个标识符表示一个常量，称为符号常量，符号常量使用之前必须先定义，其一般形式为：

#define 标识符 常量值

#define 是一条编译预处理命令，功能是把该标识符定义为其后的常量值。

> **小提示：**
> 一个 #define 命令只能定义一个符号常量，并且这仅仅是一个命令，不是 C 语言中的语句，所以末尾不能加 ";"。

实例 2-2-2： 计算圆的周长和面积。

```
01  #include<stdio.h>                  /* 包含头文件 */
02  #define PI 3.14                    /* 定义字符常量 PI，并指定值为 3.14*/
02  int main()                         /* 定义主函数 main*/
03  {
04      int r=2;                       /* 定义整型数据 */
05      float l=2*PI*r;                /* 利用 PI 求圆的周长 */
06      float s=PI*r*r;                /* 利用 PI 求圆的面积 */
07      printf(" 该圆的周长为：%f\n",l);  /* 输出圆的周长 */
08      printf(" 该圆的面积为：%f",s);    /* 输出圆的面积 */
09      return 0;                      /* 程序结束 */
10  }
```

程序运行结果如图 2-2-3 所示。

◆ 图 2-2-3　实例 2-2-2 运行结果

2.2.2　变量

1. 变量的定义

变量是指程序运行期间其值可以发生变化的量。变量有名字（变量名），并在内存中占据一定的存储单元，在该存储单元中存放变量的值（变量值），如图 2-2-4 所示。

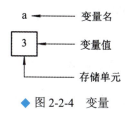

◆ 图 2-2-4　变量

变量定义格式为：

> 类型说明符　变量名表；

例如：

int a;	// 定义整型变量 a
double b;	// 定义双精度浮点型变量 b
char ch;	// 定义字符型变量 ch
int d,e,f;	// 定义 3 个整型变量，变量名分别是 d、e、f

说明：

(1) 类型说明符是 C 语言中的有效数据类型，程序在编译的时候会根据类型给变量分配一定的内存空间。例如：

> int a;　　　　　　 // 编译时为变量 a 分配 4 个字节内存空间

(2) 变量名表可以由一个或多个变量名组成，各变量名之间用逗号分隔。例如：

> int d,e,f;　　　　　 // 同时定义 3 个整型变量，变量名之间用逗号分隔

(3) 定义短整型、整型和长整型变量时，如果在类型说明符前不加任何修饰符，则是有符号的；如果在类型说明符前加 unsigned，则是无符号的。例如：

```
unsigned short a;        // 定义无符号短整型变量 a
unsigned int b;          // 定义无符号整型变量 b
unsigned long c;         // 定义无符号长整型变量 c
```

(4) 程序对变量进行处理时，实际是通过变量名找到相应的内存地址，再向该地址所对应的存储单元存入数据或读取数据。

2. 变量的初始化

在定义变量的同时为其赋初值的过程就叫变量的初始化，也即该变量第一次存入数据的过程。对变量初始化后，这个值就被存储在分配给该变量的内存中。例如：

```
int a=3;                 // 对变量 a 赋值
double b;
b=3.14;                  // 对变量 b 赋值
```

说明：

(1) 长整型变量在初始化时，数值后面要加上 l 或 L。例如：

```
long n=100L;             // 定义长整型变量 n，并赋初值 100
```

(2) 单精度浮点型变量在初始化时，需要在数值后面添加 f 或 F 表示该数值为单精度类型，否则被默认为双精度类型。例如：

```
float h=1.81f            // 定义单精度浮点型变量 h，并赋初值 1.81
```

(3) 字符型变量是用来存放字符型数据的一种变量。字符型变量在初始化时，其值是用单引号引起来的单个字符。例如：

```
char ch='A';             // 定义字符型变量 ch，并赋初值 'A'
```

(4) 允许将字符型数据赋值给整型变量，也允许将整型数据赋值给字符变量。例如：

```
int a='A';
char ch=65;
```

3. 变量的引用

变量被定义和初始化后，就可以在程序中使用了，也即通过变量名进行引用，如进行数值运算、数据处理等。例如：

```
int a=3;
int b=4;
int c=a+b;      // 对变量 a、b 进行加法运算
```

小提示：

变量必须先定义后使用，即定义必须放在使用之前。

2.3 C语言中的算术运算符与算术表达式

在日常生活中，经常会遇到各种各样的计算。例如，超市老板想知道今日的总销售金额，就会将每一种售出商品的数量与该商品的单价相乘，然后再进行相加，以此得到总销售额。此处的"相乘"即为数学运算符中的"×"，相加即为数学运算符中的"+"。在程序中，同样也要对各种数据进行算术运算，C语言中这些符号称为算术运算符，运算的式子称为算术表达式。

算术运算符与算术表达式介绍

2.3.1 算术运算符

1. 基本算术运算符

C语言中共有5种基本算术运算符，如表2-3-1所示。

表2-3-1 基本算术运算符

运算符	名　称
+	加法运算符
-	减法运算符
*	乘法运算符
/	除法运算符
%	求余运算符

说明：

(1) 运算对象个数是两个的运算符是双目运算符，运算对象个数是一个的运算符是单目运算符。

(2) "-"作为负值运算符使用时，为单目运算符，作用是取负运算；作为减法运算符使用时，为双目运算符，作用是求差运算。

(3) 使用除法运算符计算a/b时，需要注意以下两点：

① 如果a和b都是整型，则运算结果也为整型，其中的小数部分会被舍去；

② 如果a和b有一个为实型，运算时会先将a和b都转为double类型，然后再进行相除，则运算结果为double类型。

(4) 求余运算符在计算a%b时，要求参与运算的两个运算对象都必须是整型，其运算结果也是整型。

> 小提示：
> 数学运算符中的相乘用"×"表示，而在 C 语言中的相乘用"*"表示。

2. 自增运算符

C 语言中有变量自加 1 的运算符，即自增运算符，如表 2-3-2 所示。

表 2-3-2　自增运算符

运算符	名　称
++	自增运算符

自增运算符是单目运算符，作用于一个变量，使其值增 1，分为前缀方式和后缀方式两种。

(1) 前缀方式：先自增，后使用变量的值。

实例 2-3-1：前缀自增运算。

```
01  #include<stdio.h>          /* 包含头文件 */
02  int main()                 /* 定义主函数 main*/
03  {
04      int a=1;               /* 定义整型数据 */
05      int b=++a;             /* 对变量 a 进行前缀自增运算 */
06      printf("%d\n",b);      /* 输出 b 的值 */
07      return 0;              /* 程序结束 */
08  }
```

程序运行结果如图 2-3-1 所示。

◆ 图 2-3-1　实例 2-3-1 运行结果

(2) 后缀方式：先使用变量的值，后自增。

实例 2-3-2：后缀自增运算。

```
01  #include<stdio.h>          /* 包含头文件 */
02  int main()                 /* 定义主函数 main*/
03  {
```

```
04      int a=1;                /* 定义整型数据 */
05      int b=a++;              /* 对变量 a 进行后缀自增运算 */
06      printf("%d\n",b);       /* 输出 b 的值 */
07      return 0;               /* 程序结束 */
08  }
```

程序运行结果如图 2-3-2 所示。

◆ 图 2-3-2　实例 2-3-2 运行结果

3. 自减运算符

C 语言中有变量自减 1 的运算符，即自减运算符，如表 2-3-2 所示。

表 2-3-3　自减运算符

运算符	名　称
--	自减运算符

自减运算符也是单目运算符，作用于一个变量，使其值减 1，也分为前缀方式和后缀方式两种。

(1) 前缀方式：先自减，后使用变量的值。

实例 2-3-3：前缀自减运算。

```
01  #include<stdio.h>          /* 包含头文件 */
02  int main()                 /* 定义主函数 main*/
03  {
04      int a=1;               /* 定义整型数据 */
05      int b=--a;             /* 对变量 a 进行前缀自减运算 */
06      printf("%d\n",b);      /* 输出 b 的值 */
07      return 0;              /* 程序结束 */
08  }
```

程序运行结果如图 2-3-3 所示。

◆ 图 2-3-3　实例 2-3-3 运行结果

(2) 后缀方式：先使用变量的值，后自减。

实例 2-3-4：后缀自减运算。

```
01  #include<stdio.h>           /* 包含头文件 */
02  int main()                  /* 定义主函数 main*/
03  {
04      int a=1;                /* 定义整型数据 */
05      int b=a--;              /* 对变量 a 进行后缀自减运算 */
06      printf("%d\n",b);       /* 输出 b 的值 */
07      return 0;               /* 程序结束 */
08  }
```

程序运行结果如图 2-3-4 所示。

◆ 图 2-3-4　实例 2-3-4 运行结果

2.3.2　算术表达式

由算术运算符、运算对象和括号连接起来的表达式称为算术表达式，运算对象可以是常量、变量和函数等。例如：

```
a+b+c                    // 算术表达式
1/2*(a+b)                // 算术表达式
```

2.3.3 优先级与结合性

1. 算术运算符的优先级

当一个算术表达式中有多个运算符参与运算时，按照运算符的优先级别由高至低的次序执行。其中，单目运算符 (++、--) 的优先级高于双目运算符 (+、-、*、/、%)。双目运算符中 *、/、% 的优先级高于 +、-。例如：

> a+b*c

在该表达式中，先计算 b*c 的值，再加上 a。

2. 算术运算符的结合性

当运算符的优先级别相同时，结合方向是"自左至右"。例如：

> a+b-c

在该表达式中，先计算 a+b 的值，再减 c。

⚙ 2.4 C语言中的赋值运算符与赋值表达式

回顾变量的学习，定义一个整型变量 a，再对其初始化的过程如图 2-4-1 所示。

a=3

变量 = 数值

赋值运算符与赋值表达式介绍

◆ 图 2-4-1 变量初始化过程

在这个初始化的过程中，就使用到了赋值运算符"="，将常量 3 赋值给变量 a。

2.4.1 赋值运算符

1. 基本赋值运算符

"="为基本赋值运算符，作用是将一个数值赋给一个变量，也可将另一个变量的值或一个表达式的值赋给一个变量。例如：

> a=3;　　　// 把常量 3 赋值给 a，右值为常量
> b=a;　　　// 把变量 a 的值赋给 b，右值为变量
> b=a+3;　　// 把表达式 a+3 的值赋给 b，右值为表达式

2. 复合赋值运算符

在基本赋值运算符前面加上算术运算符就构成复合赋值运算符，如表 2-4-1 所示。

表 2-4-1　复合赋值运算符

运算符	含　义	举　例	等价于
+=	加赋值	a+=b	a=a+b
-=	减赋值	a-=b	a=a-b
*=	乘赋值	a*=b	a=a*b
/=	除赋值	a/=b	a=a/b
%=	求余赋值	a%=b	a=a%b

实例 2-4-1：复合赋值运算符。

```
01  #include<stdio.h>          /* 包含头文件 */
02  int main()                 /* 定义主函数 main*/
03  {
04      int a=1;               /* 定义整型数据 */
05      int b=2;               /* 定义整型数据 */
06      a+=b;                  /* 运用加赋值进行运算 */
07      printf("%d\n",a);      /* 输出 a 的值 */
08      return 0;              /* 程序结束 */
09  }
```

程序运行结果如图 2-4-2 所示。

◆ 图 2-4-2　实例 2-4-1 运行结果

使用复合赋值运算符的优点如下：

(1) 简化程序；

(2) 提高编译效率。

2.4.2　赋值表达式

赋值表达式的一般形式为：

变量 = 表达式

执行过程：

(1) 计算赋值运算符右侧表达式的值；

(2) 将计算出的值赋给赋值运算符左侧的变量。

赋值表达式的作用是将一个表达式的值赋给一个变量，因此赋值表达式具有计算和赋值双重功能。

2.5 C 语言中的关系运算符与关系表达式

在日常生活中，经常会比较两个数的大小。例如，小明的年龄为 20，晓红的年龄为 18，比较二者的年龄，显然小明的年龄大于晓红的年龄 (如图 2-5-1 所示)，可以使用符号 ">" 表示 "大于"。

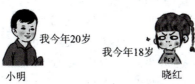

关系运算符与关系表达式介绍

小明 我今年20岁　我今年18岁 晓红

20＞18

◆ 图 2-5-1 关系比较

在 C 语言中，也经常需要判断两个操作数之间的大小关系，这就要使用本节将要介绍的关系运算符。

2.5.1 关系运算符

关系运算符包括大于、大于等于、小于、小于等于、等于和不等于，如表 2-5-1 所示。

表 2-5-1 关系运算符

关系运算符	含　义
>	大于
>=	大于等于
<	小于
<=	小于等于
==	等于
!=	不等于

小提示：

在 C 语言中，等于用符号 "==" 表示，不要将它与赋值运算符 "=" 混淆。

2.5.2 关系表达式

用关系运算符将两个表达式连接起来的式子称为关系表达式。其一般形式为：

表达式 1 关系运算符 表达式 2

关系表达式的运算结果是一个逻辑值"真"或者"假"。由于 C 语言中没有专门表示逻辑值的数据类型，因此使用"1"表示"真"，即指定的关系成立，"0"表示"假"，即指定的关系不成立。例如：

```
int a=5,b=3;
a>b;                  // 表达式的结果为"真"值，返回"1"
a+b>=a-b;             // 表达式的结果为"真"值，返回"1"
a<b+1;               // 表达式的结果为"假"值，返回"0"
a+1<=b;              // 表达式的结果为"假"值，返回"0"
a-2==b;              // 表达式的结果为"真"值，返回"1"
a ! =a*b;            // 表达式的结果为"真"值，返回"1"
```

2.5.3 优先级和结合性

1. 关系运算符的优先级

(1) >、<、>=、<= 的优先级相同；==、!= 的优先级相同。前者的优先级高于后者，即">="的优先级高于"=="。

(2) 关系运算符的优先级低于算术运算符，但是高于赋值运算符。

2. 关系运算符的结合性

关系运算符都是双目运算符，其结合方向是左结合。因此对于使用多个运算符的表达式，在运算时，应注意关系运算符的左结合性特征，以免出错。

实例 2-5-1：运算符的结合使用。

```
01  #include<stdio.h>                              /* 包含头文件 */
02  int main()                                     /* 定义主函数 main*/
03  {
04      char c='m';                                /* 定义字符型数据 */
05      int i=10,j=20,k=30;                        /* 定义整型数据 */
06      float x=13e+5,y=10.85;                     /* 定义浮点型数据 */
07      printf("%d,%d,",'a'+5<c,-i-2*j>=k+1);      /* 输出关系表达式运算结果 */
08      printf("%d,%d,",1<j<5,x-5.25<=x+y);        /* 输出关系表达式运算结果 */
09      printf("%d,%d\n",i+j+k==-2*j,k==j==i+5);   /* 输出关系表达式运算结果 */
10      return 0;                                  /* 程序结束 */
11  }
```

程序运行结果如图 2-5-2 所示。

◆ 图 2-5-2　实例 2-5-1 运行结果

⚙ 2.6　C 语言中的逻辑运算符与逻辑表达式

浏览招聘信息时，经常会看到这样的招聘条件："年龄在 18 周岁以上 35 周岁以下"（如图 2-6-1 所示）。那么在程序中是如何来表达这一招聘条件的呢？

逻辑运算符与逻辑表达式介绍

二、招聘基本条件

1. 具有中华人民共和国国籍；

2. 遵纪守法，具有良好的品行和职业操守；

3. 具备招聘岗位所需的学历及专业或技能条件；

4. 适应岗位要求的身体、年龄条件及其他条件；

5. 年龄在 18 周岁以上 35 周岁以下。

◆ 图 2-6-1　逻辑关系

在 C 语言中，这一招聘条件其实包含了两个关系表达式：一个是 18 周岁以上，即 "age>18"；另一个是 35 周岁以下，即 "age<35"。若要同时满足这两个关系表达式，就需要使用一个逻辑运算符将二者连接起来，在 C 语言中使用 "age>18 && age<35" 表示，其中 "&&" 就是逻辑运算符。

2.6.1　逻辑运算符

关系运算符只能描述单一的条件，如果有多个条件，就需要用到逻辑运算符，通过逻辑运算符将若干个关系表达式连接起来。

逻辑运算符包括逻辑与、逻辑或和逻辑非，如表 2-6-1 所示。

表 2-6-1　逻辑运算符

逻辑运算符	含　义
&&	逻辑与
‖	逻辑或
!	逻辑非

> **小提示：**
>
> 逻辑非（！）为单目运算符，逻辑与（&&）和逻辑或（||）为双目运算符。

2.6.2 逻辑表达式

用逻辑运算符将多个表达式连接在一起的式子就是逻辑表达。其一般形式为：

> 表达式 1　逻辑运算符　表达式 2

逻辑表达式的结果也是一个逻辑值"真"或"假"，也即"1"或"0"，如表 2-6-2 所示。

表 2-6-2　逻辑表达式

a	b	a&&b	a‖b	!a
0	0	0	0	1
0	1	0	1	1
1	0	0	1	0
1	1	1	1	0

例如：

```
int a=1,b=2;
a>0&&b>1;          // 表达式值为"真"
a<0‖b>1;           // 表达式值为"真"
!(a>0);            // 表达式值为"假"
```

说明：

(1) 参与逻辑运算的数据不仅可以是表达式，也可以是其他任何类型的数据。

(2) 由多个子表达式组成的逻辑表达式，其运算顺序为从左到右。如果计算出其中一个子表达式的值就能确定整个逻辑表达式的值，则这种情况被称为"短路"。短路分为以下两种情况：

① 对于逻辑与（&&）运算，如果"&&"左边的表达式的值为假，则可以直接判定整个表达式的值为假，此时对"&&"右边的表达式不再进行计算。例如：

> A&&B&&C;

在上述逻辑表达式中，先计算表达式 A，如果该表达式的值为"假"，此时将不再计算表达式 B 和表达式 C，而是直接判定整个逻辑表达式的值为"假"。

② 对于逻辑或（||）运算，如果"||"左边的表达式的值为真，则可以直接判定整个表达式的值为真，对"||"右边的表达式不再进行计算。例如：

A||B||C;

在上述逻辑表达式中，先计算表达式 A，如果该表达式的值为"真"，此时将不再计算表达式 B 和表达式 C，而是直接判定整个逻辑表达式的值为"真"。

2.6.3 优先级和结合性

1. 逻辑运算符之间的优先级

逻辑运算符的优先级从高到低依次为逻辑非运算符"！"、逻辑与运算符"&&"和逻辑或运算符"||"。

2. 逻辑运算符与其他运算符之间的优先级

逻辑运算符与其他运算符之间的优先级如图 2-6-2 所示。

运算符	！	算术运算符	关系运算符	&&	||	赋值运算符
结合性	右结合	左结合				右结合
优先级	高 →					低

◆ 图 2-6-2 优先级比较

2.7 C 语言中的逗号运算符与逗号表达式

2.7.1 逗号运算符与逗号表达式

C 语言中逗号"，"也是一种运算符，该运算符被称为逗号运算符。其功能是把多个表达式连接起来组成一个表达式，该表达式被称为逗号表达式。其一般形式为：

表达式 1，表达式 2，表达式 3，…，表达式 n

执行顺序：从左到右依次计算每个表达式的值，并把最后一个表达式的值作为整个逗号表达式的值。例如：

3+5,6+8

求解过程：首先求解表达式"3+5"，得到结果 8，再求解表达式"6+8"，得到结果14，并将 14 作为整个逗号表达式的结果。

说明：

(1) 逗号运算符是双目运算符，其优先级最低；

(2) 不是所有出现逗号的地方都为逗号运算符，例如变量说明语句中或函数参数表中的逗号只是用作各变量间的分隔符。

2.7.2 逗号运算符与赋值运算符的优先级

赋值运算符的优先级高于逗号运算符。例如：

```
a=3*5,a*4
```

求解过程：首先求解表达式"a=3*5"，此时 a 的值为 15，然后再求解表达式"a*4"，得到 a 的值为 60，此时整个逗号表达式的值为 60。

2.8　C语言中的数据类型转换

在 C 语言中，不同数据类型的数据在参与运算时，都要先转换为相同类型的数据才能运算。数据类型转换分为自动转换和强制转换两种。

2.8.1 自动类型转换

自动类型转换的规则是：把占用内存空间少的数据类型 (即低类型) 向占用内存空间多的数据类型 (即高类型) 转换，以保证运算的精度。这与两个杯子互相倒水的情况类似，如果将小杯的水倒入大杯，水就不会溢出，反之将大杯的水倒入小杯，水就会溢出。自动类型转换规则如图 2-8-1 所示。

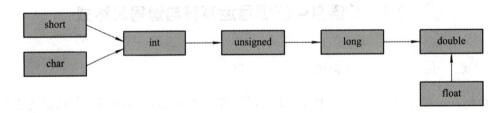

◆ 图 2-8-1　自动类型转换规则

说明：

(1) 在自动类型转换的过程中，数据类型的转换顺序并非一定要按照图 2-8-1 所示的箭头方向一步一步地进行转换，也可以跳过中间某类型转换步骤，直接转换为其后的任一数据类型。例如：

```
int a;
double b;
a+b;
```

当 int 型的 a 和 double 型的 b 进行运算时，a 直接转换为 double 型，然后再进行两个同类型数据间的运算。

(2) 类型转换只影响表达式的运算结果，并不改变原变量的类型，并且原变量的数据值也不会改变。

(3) 在赋值运算中，当赋值运算符两边运算对象的数据类型不同时，也会进行类型转换，即把右边表达式的类型转换为左边变量的类型，但这一转换可能导致数据失真或者精度降低。

2.8.2　强制类型转换

强制类型转换是采用强制类型转换运算符将某种数据类型强制转换为另一种指定的数据类型。其一般形式为：

(类型说明符)(表达式)

例如：

```
int a=100;
(float)a;   // 将变量 a 强制转换为 float 类型
```

小提示：

(1) 类型说明符和表达式都必须加括号，单个变量可以不加括号。

(2) 强制类型转换是一种不安全的转换，如果从高类型转换为低类型，则会损失数据的精度。

习 题 2

一、选择题

1. 在 C 语言中，以 (　　) 作为字符串结束标志。

A. '\n'　　　　　B. ' '　　　　　C. '0'　　　　　D. '\0'

2. 下列数据中属于字符串常量的是 (　　)。

A. "a"　　　　　B. {ABC}　　　　C. 'abc\0'　　　　D. 'a'

3. 在下列字符序列中，不可用作 C 语言标识符的是 (　　)。

A. abc123　　　　B. no.1　　　　C. _123_　　　　D. _ok

4. 在下列符号中，不属于转义字符的是 (　　)。

A. \\　　　　　B. \0xAA　　　　C. \t　　　　　D. \0

5. 下列不属于 C 语言关键字的是 (　　)。

A. int　　　　　B. break　　　　C. while　　　　D. character

6. C 语言中的简单数据类型包括 (　　)。

A. 整型、实型、逻辑型　　　　　　B. 整型、实型、逻辑型、字符型

C. 整型、字符型、逻辑型　　　　　D. 整型、实型、字符型

7. 在 C 语言程序中，表达式 5%2 的结果是 (　　)。

A. 2.5　　　　　B. 2　　　　　C. 1　　　　　D. 3

8. 在 C 语言中，关系表达式和逻辑表达式的值是 (　　)。

A. 0　　　　　B. 0 或 1　　　　　C. 1　　　　　D. 'T' 或 'F'

9. 若"int n; float f=13.8;"，则执行"n=(int)f%3"后，n 的值是 (　　)。

A. 1　　　　　B. 4　　　　　C. 4.333333　　　　　D. 4.6

10. 以下符合 C 语言语法的赋值表达式是 (　　)。

A. a=9+b+c=d+9　　　　　　　　B. a=(9+b, c=d+9)

C. a=9+b, b++, c+9　　　　　　　D. a=9+b++=c+9

二、填空题

1. 执行下面的程序，其输出结果为_____。

```
#include<stdio.h>

void main()

{ int a;

  printf("%d\n",(a=3*5,a*4,a+5));

}
```

2. 执行下面的程序，其输出结果为_____。

```
#include<stdio.h>

void main()

{ int x=10,y=3;

  printf("%d\n",y=x/y);

}
```

3. 执行下面的程序，其输出结果为_____。

```
#include<stdio.h>

void main()

{ int x=10,y=10;

  printf("%d %d\n",x--,--y);

}
```

4. 执行下面的程序，其输出结果为_____。

```
#include<stdio.h>

void main()

{ int i,j,m,n;

  i=8;
```

```
      j=10;
      m=++i;
      n=j++;
      printf("%d,%d,%d,%d\n",i,j,m,n);
    }
```

5. 现有声明 "char w;int x;float y;double z;"，则表达式 "w*x+z-y" 值的数据类型为_____。

6. 若有定义 "int x=3,y=2" 和 "float a=2.5,b=3.5"，则表达式 "(x+y)%2+(int)a/(int)b" 的值为_____。

模块 3　简易计算器中菜单的设计

【学习目标】

- 熟练掌握顺序结构程序的编程方法；
- 熟练掌握选择结构、循环结构的设计方法；
- 熟练掌握控制转移语句的使用方法。

【模块描述】

用选择语句实现简易计算器中选择执行的运算功能，从键盘输入两个运算数，用户在系统操作菜单中选择运算类型对应的数字，按用户的选择进行运算并输出对应的运算结果。

【源代码参考】

```
01 #include<stdio.h>
02 #include<stdlib.h>
03 void main(){
04   int choice;                // 存放用户选择的运算类型
05   float data1,data2;         // 存放两个操作数
06   char judge;                // 存放是否继续
07   judge='y';
```

```
08  while(judge=='y'||judge=='Y'){
09      printf("\n\n\n");
10      printf("\t************************************\n");
11      printf("\n");
12      printf("\t        简单计算器        \n\n");
13      printf("\t        1-- 加法            \n\n");
14      printf("\t        2-- 减法            \n\n");
15      printf("\t        3-- 乘法            \n\n");
16      printf("\t        4-- 除法            \n\n");
17      printf("\t        0-- 退出            \n\n");
18      printf("\t************************************\n");
19      printf("\n\n");
20      printf("\t 请选择第一个运算类型 (0-4)：");
21      scanf("%d",&choice);
22      if(choice>=1&&choice<=4){
23          printf("\t 请输入第一个操作数：");
24          scanf("%f",&data1);
25          printf("\t 请输入第二个操作数：");
26          scanf("%f",&data2);
27      }
28      switch(choice){
29          case 1:printf("\t %f+%f=%.2f\n",data1,data2,data1+data2);break;
30          case 2:printf("\t %f-%f=%.2f\n",data1,data2,data1-data2);break;
31          case 3:printf("\t %f*%f=%.2f\n",data1,data2,data1*data2);break;
32          case 4:
33              if(data2==0)
34                  printf("\n\t 除数不能为 0！ \n");
35              else
36                  printf("\t %f/%f=%.1f\n",data1,data2,data1/data2);break;
37          case 0:exit(0);
38          default:printf("\n\t 输入运算类型错误！ \n");
39      }
40      printf("\n\t 是否继续计算 ( 输入 y 或 Y 继续，输入其他字符退出 )");
41      scanf("\n%c",&judge);
42  }
43 }
```

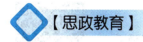
【思政教育】

本模块主要内容为程序的控制结构，程序的控制结构是程序的重要组成部分，编写程序以及设计合理的程序控制结构应具有科学严谨的工作态度和一丝不苟的工匠精神。

"制造强国"呼唤工匠精神

党的十九届五中全会指出，坚持把发展经济的着力点放在实体经济上，坚定不移地建设制造强国、质量强国、网络强国和数字中国。建设制造强国，一个关键就是加快发展现代产业体系，推动经济体系优化升级，推进产业基础高级化和产业链的现代化。

没有强大的制造业，就没有国家和民族的强盛。打造具有国际竞争力的制造业是我国提升综合国力、保障国家安全和建设世界强国的必由之路。中国实现从"制造大国"向"制造强国"、从"中国制造"向"中国创造"的转变，一个重要方面就是要把更多的创新和资金转向实体经济，走出一条更多依靠人力资本集约投入和科技创新拉动的发展路子；同时，要努力培养一支宏大的高素质劳动者大军，并使其涵养劳模精神、劳动精神和工匠精神。2020 年 11 月，习近平总书记在全国劳动模范和先进工作者表彰大会上号召，我国工人阶级和广大劳动群众要继续学先进赶先进，自觉践行社会主义核心价值观，用劳动模范和先进工作者的崇高精神和高尚品格鞭策自己，焕发劳动热情，厚植工匠文化，恪守职业道德，将辛勤劳动、诚实劳动、创造性劳动作为自觉行为。

古为今鉴，我国历史上有许多对工匠精神的精微阐释。如古代描述工匠在制作玉器、象牙和骨器时，用"切、磋、琢、磨"来展现其中的仔细、认真与执著；又如《考工记》中倡导"智者创物，巧者述之守之"的技术追求；再如，耳熟能详的"庖丁解牛"，就是对"道技合一"境界的形象表达。可以说，自古以来，我国并不缺少匠人匠心。这种精益求精的精神品质早已融入中华民族的文化血液，根植于我们的民族传统文化。

工匠精神贵在传承，要想真正落地生根，需要全社会形成共识，共同塑造尊技重道的文化氛围。近年来，随着一批"大国工匠"走向"前台"，越来越为人们所关注，工匠精神不仅有了具象的模范代表，而且也有了可学可敬的典范。近年来，既是受"大国工匠"的带动，又是得益于社会的广泛认同，人们对工匠愈加尊重、对工匠精神愈发推崇，良好的社会文化氛围正在形成。

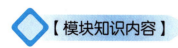
【模块知识内容】

3.1 顺序结构

结构化程序设计方法普遍采用 3 种基本程序控制结构，其中顺序结构是最简单的一种，下面将介绍几种 C 语言的语句以及怎样利用它们编写简单的程序。

3.1.1　C语言的语句

结构化程序设计的基本思想

C语言的语句用来向计算机系统发出操作指令，一个语句经编译后会产生若干条机器指令。一个具有实际意义的程序应当包含若干条语句。C语言的语句分为以下5类。

1. 表达式语句

表达式语句由表达式加上分号";"组成。

例如："x+y"是表达式，而"x+y;"是语句；"i++"是表达式，而"i++;"是语句。

2. 函数调用语句

例如：

```
printf("Hello world!");          /* 调用库函数，把字符串输出 */
```

3. 控制语句

控制语句用于控制程序的流程，以实现程序的各种结构。C语言有9种控制语句：if…else、for、while、do…while、continue、break、switch、goto和return。

4. 复合语句

把多条语句用一对花括号"{ }"括起来组成的一个语句块称为复合语句。例如：

```
{    z=x+y;
     c=z/2;
     printf("%f",c);
}
```

5. 空语句

只由分号";"组成的语句称为空语句。空语句是不执行任务的语句。空语句有时用作流程的转向点，也可用来作为循环体（表示循环体什么也不做）。

3.1.2　赋值语句

赋值语句是由赋值表达式再加上一个分号构成的。格式为：

```
变量 = 表达式；
```

赋值语句的功能和特点都与赋值表达式相同，它是程序中最常用的语句。在赋值语句的使用中需要注意以下几点：

(1) C语言中的赋值符"="是一个运算符。赋值符"="右边的表达式也可以是一个赋值表达式，可以连续给变量赋值。

例如：

```
a=b=c=d=1;
```

(2) 在定义变量说明中，不允许连续给多个变量赋初值。

例如：

```
int a=b=c=d=1;
```

是错误的。应该写成：

```
int a=1,b=1,c=1,d=1;
```

(3) 注意赋值表达式和赋值语句的区别。赋值表达式可以出现在任何表达式中，赋值语句则不能。

例如：

```
a=(b=1)+1;
```

是正确的。

```
a=(b=1;)+1;
```

是错误的，因为赋值语句不能出现在表达式中。

3.1.3　数据的输入和输出函数

C 语言本身不提供输入、输出语句，其操作是由函数来实现的。在 C 标准函数库中有常用的标准输入 / 输出函数，putchar(输出函数)、getchar(输入函数)、printf(格式输出)、scanf(格式输入)。在使用 C 语言库函数时，要用预处理命令 "#include" 将有关的 "头文件" 包括到用户源文件中。例如，在调用标准输入 / 输出库函数时，文件开头应有以下预处理命令：

C 语言的输入输出语句介绍

```
#include<stdio.h> 或 #include"stdio.h"
```

1. 字符输出函数 putchar

putchar 函数的一般格式为：

```
putchar(c);
```

功能：向终端 (一般为显示器) 输出一个字符。

说明：c 可以是字符型或整型变量，也可以是一个字符常量或整型常量。

2. 字符输入函数 getchar

getchar 函数的一般格式为：

```
getchar();
```

功能：从键盘上接收输入的一个字符。返回值为一个整数，即输入字符的 ASCII 码。

说明：这是一个不带参数的函数，即圆括号中没有参数，但圆括号不能被省略。getchar 的值可以传递给字符变量，也可以传递给整型变量。

实例 3-1-1：由键盘输入一个字符，将其输出到屏幕。

```
01 #include<stdio.h>
02 int main(){
03     char ch;              /* 定义一个字符变量 */
04     ch=getchar();         /* 输入一个字符给 ch */
05     putchar(ch);          /* 输出该字符 */
06     return 0;
07 }
```

说明：

(1) 用 getchar 函数得到的字符可以赋值给一个字符变量或整型变量，也可以不赋值给任何变量，而直接作为 putchar 函数的参数。例如，上述例题可以修改如下：

```
01 #include<stdio.h>
02 int main()
03 {   putchar(getchar());    /* 输入并输出该字符 */
04     return 0;
05 }
```

整型数据的输
入输出介绍

(2) 可以在 printf 函数中输出刚接收的字符。例如：

```
01 #include<stdio.h>
02 int main()
03 {   printf("%c",getchar());   /* %c 是输出字符的格式声明 */
04     return 0;
05 }
```

实型数据的输
入输出介绍

3. 格式输出函数 printf

printf 函数的一般格式为：

printf(" 格式控制 ",输出列表);

字符型数据的
输入输出介绍

功能：按用户指定的格式，把指定的任意类型的数据显示到屏幕上。

说明：

(1) 输出格式由格式说明、按原样输出的字符、转义符 3 部分组成。

(2) 格式说明：由 "%" 和格式字符组成，如 %c 和 %f 等，作用是将需要输出的数据先转换为指定格式后再进行输出，printf 函数的格式字符见表 3-1-1 所示。

(3) 原样输出：即普通字符在输出时原样照印，在显示中起提示作用。

(4) 转义符为：\n(换行)、\f(换页) 或 \t (光标移到下一个制表位)。

(5) 除了 X、E、G 外，其他格式字符必须用小写字母，如 %d 不能写为 %D。

(6) 如果想输出字符"%"，则应该在"格式控制"字符串中连续使用两个"%"。

例如：

```
printf("%f%%",12.345);
```

程序运行结果为：

```
12.345000%
```

表 3-1-1　printf 函数的格式字符

格式字符	说　明
d	以带字符的十进制形式输出整数，正数不输出符号
o	以八进制无符号形式输出整数，不输出前导符 0
x,X	以十六进制无符号形式输出整数，不输出前导符 0x 用 x 时输出十六进制的数码 a ～ f，即以小写形式输出 用 X 时输出十六进制的数码 A ～ F，即以大写形式输出
u	以无符号十进制形式输出整数
c	以字符形式输出，只输出一个字符
s	输出字符串
f	以小数形式输出单、双精度数，隐含输出 6 位小数
e,E	以指数形式输出实数，用 e 时指数以小写表示 (如 12.345e+001) 用 E 时指数以大写表示 (如 12.345E+001)
g,G	选用 %f 或 %e 格式中输出宽度较短的一种格式，不输出无意义的 0。用 G 时若以指数形式输出，则指数以大写表示

在格式说明中，在"%"和上述格式字符之间可以插入表 3-1-2 所示的几种附加符号。

表 3-1-2　printf 函数的附加格式说明字符

字　符	说　明
l	用于长整形，可加在格式符 d、o、x、u 前面
m(代表一个正整数)	数据最小宽度
n(代表一个正整数)	对实数，表示输出 n 位小数；对字符串，表示截取的字符个数
-	输出的数字或字符在域内向左靠

实例 3-1-2：整数数据的输出示例。

```
01  #include<stdio.h>
02  int main()
03  {   int a=123;
04      long int b=32770;
05      printf("a=%d,b=%ld\n",a,b);          /* 以十进制形式输出 */
06      printf("a=%o,b=%lo\n",a,b);          /* 以八进制形式输出 */
07      printf("a=%#x,b=%#lx\n",a,b);        /* 以十六进制带前缀 0x 形式输出 */
08      printf("a=%d,b=%ld\n",a);            /* 格式字符多于输出项 */
09      printf("a+b=%ld\n",a+b,b);           /* 格式字符少于输出项 */
10      printf(" 输出结束！\n");              /* 输出一个字符串 */
11      return 0;
12  }
```

程序运行结果如图 3-1-1 所示。

◆ 图 3-1-1　实例 3-1-2 运行结果

4. 格式输入函数 scanf

scanf 函数是系统提供的用于由标准输入设备 (键盘) 输入数据的库函数，该函数被调用时，其值由键盘输入。scanf 函数的一般格式为：

scanf(" 格式控制字符串 "，输入项列表);

格式控制字符串用双引号括起来，表示输入的格式，scanf 函数格式字符见表 3-1-3 所示；而输入项列表指出各变量的地址 (变量名前加 &)。例如：

int a ; float b ; char c;
scanf("%d%f%c",&a,&b,&c);

格式控制字符串中包括两种信息：格式控制说明和普通字符。

(1) 格式控制说明表示：按照该格式输入数据，其格式为以 % 开头的格式控制字符，不同类型的数据采用不同的格式控制字符 (见表 3-1-3)。例如：int 型数据采用 %d，float

型数据采用 %f，而 double 型数据采用 %lf(%lf，其中的 l 是 long 的首字母，不是数字 1)。

表 3-1-3　scanf 函数格式字符

格式字符	说　　明
d	输入十进制整数
o	输入八进制整数
x	输入十六进制整数
c	输入单个字符
s	输入字符串
f	输入浮点数(小数或指数形式)
e	输入浮点数(指数形式)
ld，lo，lx	输入长整形数据
lf，le	输入长浮点型数据(双精度)

例如：语句"scanf("%d",&x);"中的格式字符串"%d"指明了要输入数据的类型为十进制整型，输入项"&x"表明从键盘输入的数据将赋值给整数变量 x。

(2) 普通字符表示：在输入数据时，需要原样输入的字符。

使用 scanf 函数进行数据输入时需注意以下几点：

(1) 格式字符与输入项的类型、个数要一一对应；输入项必须是地址，不能是变量名。

(2) 格式字符可以指定输入数据所占的列数，系统会截取相应列数的数据。

(3) 在输入数据时，如果遇到以下情况则认为数据输入结束：空格、Tab 键、回车键、非法输入和指定宽度。用户也可以自己指定其他字符作为输入间隔。

实例 3-1-3：整型数据的输入示例。

```
01  #include<stdio.h>
02  int main()
03  {    int a,b;
04       long int c;
05       scanf("%d%d%ld",&a,&b,&c);              /* 语句 1*/
06       printf("a=%d,b=%d,c=%ld\n",a,b,c);
07       return 0;
08  }
```

分析：scanf 函数中的格式控制字符串"%d%d%ld"指明需输入两个 int 型数据和一个 long 型数据，且格式控制字符串中只有格式字符串，没有普通字符，因此，若要使变量 a、b、c 得到正确结果，输入的数据之间需要用空格、tab 键或回车键进行分隔。

程序运行输入：12 □ 23 □ 34 ✓

则输出结果为：a=12,b=23,c=34

若将程序中输入语句改为"scanf("%d,%d,%ld",&a,&b,&c);"，则程序运行时的正确输入形式为"12,23,34 ✓"。

实例 3-1-4：带有修饰符的整型数据的输入输出示例。

```
01  #include<stdio.h>
02  int main()
03  {   int a,b,c,d;
04      scanf("%2d%3d%*d,%d%d",&a,&b,&c,&d);
05      printf("a=%d,b=%d,c=%d,d=%d\n",a,b,c,d);
06      printf("a=%4d,b=%-4d,c=%-4d,d=%4d\n",a,b,c,d);
07      printf("a=%+4d,b=%+4d,c=%+4d,d=%+4d\n",a,b,c,d);
08      return 0;
09  }
```

若程序运行时输入"123456789,123 □ 456 ✓"，则输出的结果如图 3-1-2 所示。

◆ 图 3-1-2　实例 3-1-4 运行结果

分析：

(1) 根据程序中 scanf 函数的格式控制字符串"%2d%3d%*d，%d%d"，编译系统会从输入的内容中先取 2 列宽度的数字，使 a=12，然后取 3 列数字，使 b=345，接下来跳过后面的数字 6789，对于逗号后面的输入内容"123 □ 456"，编译系统是从空格的位置进行分隔的，将 123 和 456 分别赋值给变量 c 和 d，因此 c=123，d=456。

(2) 程序中的 printf 函数在输出变量 a、b、c、d 的值时指明了输出的宽度，则当变量值的实际宽度大于输出宽度时按实际数据输出，当变量值的宽度小于输出宽度时，若输出宽度前有"-"则左对齐右补空格，否则右对齐左补空格。在"%"和格式符之间的修饰符"+"，表明要输出数据的符号 (正号或负号)。

3.1.4　数学库函数

C 语言处理系统提供了许多事先编好的库函数，供用户在编程序时使用，这些事先编好的函数被称为库函数。常用的数学库函数有：

(1) 指数函数 exp(x)：计算 e^x。如 exp(2.3) 的值为 9.974 182。

(2) 绝对值函数 fabs(x)：计算 |x|。如 fabs(-2.8) 的值为 2.8。

(3) 以 e 为底的对数函数 log(x)：计算 lnx。如 log(123.45) 的值为 4.815 836。

(4) 幂函数 pow(x，y)：计算 $x^{\sqrt{y}}$。如 pow(1.3，2) 的值为 1.69。

(5) 平方根函数 sqrt(x)：计算 $\sqrt{x}$。如 sqrt(4.0) 的值为 2.0。

用户在程序中调用数学库函数时，一定要在程序的开头使用包含数学库函数语句，如：

```
#include<math.h>
```

实例 3-1-5：输入一个球的半径，根据公式 $\dfrac{4\pi}{3}r^3$ 计算并输出球的体积。

```
01  #include<stdio.h>
02  #include<math.h>              /* 包含数学库函数 */
03  #define PI 3.14               /* 定义符号常量 */
04  int main()
05  {   float r，v;
06      printf(" 输入半径 r:");
07      scanf("%f"，&r);
08      v=4.0/3*PI*pow(r，3);      /* 计算球的体积 */
09      printf(" 体积为：%.2f\n"，v);
10      return 0;
11  }
```

程序运行结果如图 3-1-3 所示。

◆ 图 3-1-3　实例 3-1-5 运行结果

3.1.5　顺序结构的应用

结构化程序设计方法普遍采用 3 种基本程序控制结构来编写程序，其中顺序结构是最简单的一种，程序执行顺序是自上而下地执行完所有语句。

顺序结构的特点如下：

(1) 从第一条语句开始顺序执行到最后一条；

(2) 每一条语句都执行且只能执行一遍。

实例 3-1-6：输入一个 double 类型的数，使该数保留小数点后两位，对第三位小数进行四舍五入处理，然后输出该数，以便验证处理是否正确。

```
01  #include<stdio.h>
02  main()
03  {   double x;
04      printf("Enter x:\n");
05      scanf("%lf",&x);
06      printf("(1)x=%f\n",x);
07      x=x*100;
08      x=x+0.5;
09      x=(int)x;          /* 强制转换数据类型为整型 */
10      x=x/100;
11      printf("(2)x=%.2f\n",x);
12  }
```

程序运行结果如图 3-1-4 所示。

◆ 图 3-1-4　实例 3-1-6 运行结果

注意：在 scanf 函数中给 double 类型变量输入数据时，应该使用 %lf 格式转换说明符，而输出时，对应的格式转换说明符可以用 %lf，也可以用 %f。

拓展训练一：

输入两个数值，并输出交换后的值。

例如：a=321,b=434

输出：a=434,b=321

条件表达式介绍

3.2　选择结构程序设计

计算机在执行程序时，通常都是按照语句的书写顺序执行，但在许多情况下需要根据条件选择所要执行的语句，这就要用到选择结构。在日常生活中，需要通过判断才能得到结果的例子不胜枚举。例如：在两个整数中，需要知道哪个数大；一次考试后，需要知道哪些同学通过了考试；一元二次方程是否有实根；等等。

C 语言中用于实现选择结构的控制语句主要有 if 语句和 switch 语句。

1. if…else 语句

if…else 语句也被称为双分支 if 语句，其一般形式为：

if(表达式)
　　语句 1;
else
　　语句 2;

if…else语句介绍

双分支 if…else 语句的执行流程如图 3-2-1 所示。其执行过程是首先求解表达式，如果表达式的值为"真"，则执行语句 1；如果表达式的值为"假"，则执行语句 2，无论执行完语句 1 还是语句 2，都会结束整个 if 语句的执行。下面的实例 3-2-1 和实例 3-2-2 均是双分支 if…else 语句。

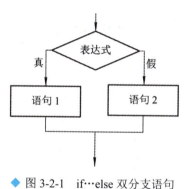

◆ 图 3-2-1　if…else 双分支语句

实例 3-2-1： 使用双分支 if 语句求两个数中较大的数。

```
01  #include<stdio.h>
02  int main()
03  {
04      int a,b;
05      printf(" 请输入两个整数：");
06      scanf("%d %d",&a,&b);                      /* 输入 a，b 的值 */
07      if(a>b)
08          printf(" 两个整数中的最大数为：%d\n",a);   /* 输出 a 的值 */
09      else
10          printf(" 两个整数中的最大数为：%d\n",b);   /* 输出 b 的值 */
11      return 0;
12  }
```

程序运行结果如图 3-2-2 所示。

◆ 图 3-2-2　实例 3-2-1 运行结果

实例 3-2-2： 编写一个程序，根据键盘输入的 x 的值，计算以下 y 表达式的值。

$$y = f(x) = \begin{cases} e^x & x \leqslant 1 \\ x^2 - 1 & x > 1 \end{cases}$$

```
01  #include <stdio.h>
02  #include<math.h>                      /* 包含数学库函数 */
03  int main()
04  {
05      double x,y;
06      printf(" 输入 x 的值: ");
07      scanf("%lf",&x);
08      if(x<=1)
09          y=exp(x);                     /* 计算 eˣ*/
10      else y=pow(x,2)-1;                /* 计算 x²-1*/
11          printf("f(%f)=%.2f\n",x,y);
12      return 0;
13  }
```

程序运行结果如图 3-2-3 所示。

◆ 图 3-2-3　实例 3-2-2 运行结果

拓展训练二：

判断输入的年份是否为闰年，判断闰年的条件是否能被 4 整除，但不能被 100 整除，或者能被 400 整除。

2. 单分支 if 语句

单分支 if 语句的一般形式为：

if(表达式)
　　语句；

在双分支 if…else 语句中，若缺省了"语句 2 时"，则构成了单分支 if 语句，执行流程如图 3-2-4 所示。其执行过程是首先计算表达式，如果表达式的值为"真"，则执行语句；否则不执行语句，直接执行 if 语句的下一语句。

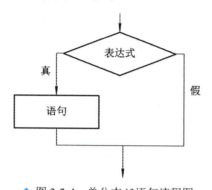

◆ 图 3-2-4　单分支 if 语句流程图

实例 3-2-3：编写一个程序，任意输入一个实数，并输出其绝对值。

```
01 #include <stdio.h>
02 int main()
03 {
04     float x;
05     scanf("%f",&x);
06     if(x<0)
07         x=-x;        /* 若是负数，则为其取负值 */
08     printf("%f",x);
09     return 0;
10 }
```

程序运行结果如图 3-2-5 所示。

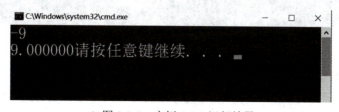

◆ 图 3-2-5　实例 3-2-3 运行结果

无论在双分支还是单分支的 if 语句中，"表达式"都是用来描述判断的条件，语法上可以是任意类型的表达式。表达式的结果如果为"0"，表示"假"；如果为"非 0"，则表示"真"。

实例 3-2-4：若有如下分段函数，根据 x 的值，求出 y 的值。

$$y = f(x) = \begin{cases} 1 & x \neq 0 \\ -1 & x = 0 \end{cases}$$

```
01  #include<stdio.h>
02  int main()
03  {
04      int  x,y;
05      printf("x=");
06      scanf("%d",&x);
07      if(x)
08          y=1;        /* 当 x 非 0 时，y=1*/
09      else
10          y=-1;       /* 当 x 为 0 时，y=-1*/
11      printf("y=%d",y);
12      return 0;
13  }
```

程序运行结果如图 3-2-6 所示。

◆图 3-2-6　实例 3-2-4 运行结果

在实例 3-2-1 ～实例 3-2-4 中，无论是双分支 if 还是单分支 if 语句，被执行的语句均为单个语句，如果想要执行一组 (多于一个) 语句时，则必须将这一组语句用 {} 括起来形成复合语句。但在"}"之后不能再加括号。注意，复合语句中的语句在执行时会全部被执行。

实例 3-2-5：输入 3 个实数，要求按照从小到大的顺序输出。

```
01 #include <stdio.h>
02 int main()
03 {
04     float a,b,c,t;              /* 定义 3 个变量，t 为中间变量 */
05     scanf("%f %f %f",&a,&b,&c);
06     if(a>b)
07     {
08         t=a;
09         a=b;
10         b=t;
11     }                          /* 使 a 小于 b*/
12     if(a>c)
13     {
14         t=a;
15         a=c;
16         c=t;
17     }                          /* 使 a 小于 c*/
18     if(b>c)
19     {
20         t=b;
21         b=c;
22         c=t;
23     }                          /* 使 b 小于 c*/
24     printf("%f,%f,%f\n",a,b,c);
25     return 0;
26 }
```

程序运行结果如图 3-2-7 所示。

◆图 3-2-7 实例 3-2-5 运行结果

说明：

程序中的复合语句 {t=a；a=b；b=t；}，其作用是交换变量 a 和 b 的值，变量 t 为中间变量。

3. 多分支 if 语句

多分支 if 语句介绍

前面介绍了分支结构 if 语句的基本形式。使用 if 语句的基本形式解决分支少于两个的问题十分方便，但在实际应用中，经常遇到的是多于两个分支的情况，或者需要在多个不同条件下执行不同语句的问题，这就需要掌握 if 多分支结构以及 if 语句的嵌套。

多分支 if 语句的一般形式为：

```
if( 表达式 1)
    {语句 1};
else if( 表达式 2)
    {语句 2};
    ⋮
else if( 表达式 n)
    {语句 n};
else{ 语句 n+1};
```

从其表达式 1 的值开始进行判断，当出现某个表达式的值为真时，则执行其对应分支的语句，然后跳出整个 if 语句，执行后续语句。若所有表达式的值都为"假"(为 0)，则执行 default 语句。其流程图如图 3-2-8 所示。

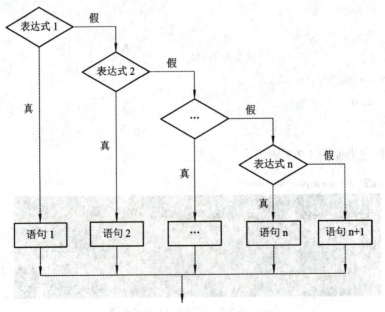

◆ 图 3-2-8 多分支 if 语句的流程图

实例 3-2-6：由键盘输入一个字符，若该字符为小写字母，则将其转换为大写字母；若该字符为大写字母，则将其转换为小写字母；否则将其转换为 ASCII 码表中该字符的下一个字符。

```
01  #include <stdio.h>
02  int main()
03  {
04      char c1,c2;                      /* 定义两个字符变量 */
05      printf(" 请输入一个字符：");
06      c1=getchar();                    /* 由键盘输入一个字符并将其赋值给变量 c1*/
07      if(c1>='a'&&c1<='z')
08          c2=c1-32;                    /* 转换成大写 */
09      else if(c1>='A'&&c1<='Z')
10          c2=c1+32;                    /* 转换成小写 */
11      else
12          c2=c1+1;                     /* 转换成 ASCII 码表中该字符的下一个字符 */
13      putchar(c2);                     /* 输出字符变量的值 */
14      return 0;
15  }
```

程序运行结果如图 3-2-9 所示。

◆ 图 3-2-9 实例 3-2-6 运行结果

拓展训练三：

为了测试学生的立体感和反应速度，老师随机指出数字，让学生观察圆锥的三视图是什么图形？数字 1、2、3 分别代表主视图、俯视图和左视图，利用 else if 语句实现老师的测试项目。

4. if 语句的嵌套

一个 if 语句中又包含一个或多个 if 语句的现象被称为 if 语句的嵌套。

if 语句的基本形式为：

if 语句的嵌套
解析

```
if( 表达式 )
    语句 1;
else
    语句 2;
```

其中"语句 1"或"语句 2"都可以嵌套另一个 if 语句，在缺省 else 部分的 if 语句中的"语句"也可以嵌套另一个 if 语句。因此，具体嵌套形式可以有很多种。例如：

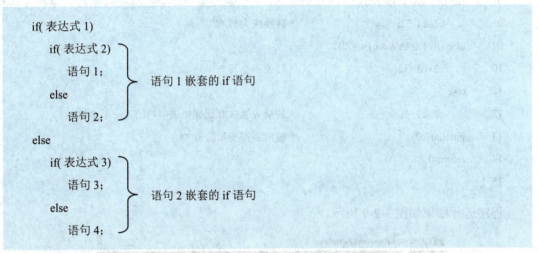

其执行流程如图 3-2-10 所示。注意上述 if 语句书写时采用了缩进格式，尽管不采用缩进格式编译系统不会报错，但采用缩进格式输入代码，可使程序的结构更加清晰、易读。

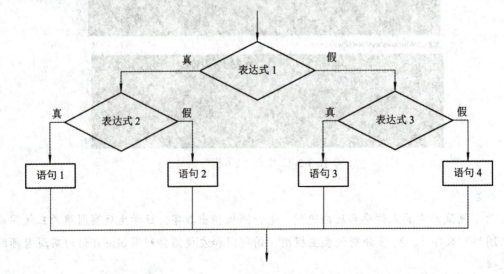

◆ 图 3-2-10　if 语句嵌套流程图

在 if 语句嵌套的结构中一定要注意 else 与 if 之间的对应关系。例如：

if(表达式 1)

if(表达式 2)

    语句 1；

else

    语句 2；

其中的 else 究竟是与哪一个 if 配对呢？

应该理解为：	还是应理解为：
if(表达式 1)	if(表达式 1)
if(表达式 2)	if(表达式 2)
语句 1；	语句 1；
else	else
语句 2；	语句 2；

为了避免出现这种二义性，在 C 语言中规定其对应原则是：else 总是与它前面最近的一个未匹配的 if 相匹配。因此对于上述例子，应按照后一种情况进行理解。

实例 3-2-7：输入 3 个任意整数，找出其中的最大值。

```
01 #include<stdio.h>
02 int main()
03 {
04     int a,b,c,max;
05     scanf("%d%d%d",&a,&b,&c);        // 输入 3 个要进行比较的数字
06     if (a>b)                         // 如果 a 大于 b 为真，则执行以下语句块
07         if (a>c)
08             max=a;                   // 如果 a 大于 c 为真，则最大值为 a
09         else
10             max=c;                   // 如果 a 大于 c 为假，即 a 不大于 c，则最大值为 c
11     else                             // 如果 a 大于 b 为假，即 a 不大于 b，则执行以下语句块
12         if (b>c)
13             max=b;                   // 如果 b 大于 c 为真，则最大值为 b
14         else
15             max=c;                   // 如果 b 大于 c 为假，即 b 不大于 c，则最大值为 c
16     printf("max=%d\n",max);          // 输出显示最大值
17     return 0;}
```

程序运行结果如图 3-2-11 所示。

◆ 图 3-2-11　实例 3-2-7 运行结果

实例 3-2-8： 编写程序，输入一个 x 的值，按以下函数计算并输出 y 的值。

$$y = \begin{cases} 1 & x > 0 \\ 0 & x = 0 \\ -1 & x < 0 \end{cases}$$

请读者对比分析下列两种编程方法。

方法 1：

```
01 #include <stdio.h>
02 int main()
03 {
04     int x,y;
05     scanf("%d",&x);
06     if(x>0)
07         y=1;
08     else
09         if(x==0)
10             y=0;
11         else
12             y=-1;
13     printf("y=%d\n",y);
14     return 0;
15 }
```

方法 2：

```
01 #include <stdio.h>
02 main()
```

```
03  {
04      int x,y;
05      printf(" 请输入 x:");
06      scanf("%d",&x);
07      if(x<0) y=-1;
08      else if(x==0) y=0;
09      else y=1;
10      printf("x=%d,  y=%d\n",x,y);
11  }
```

5. 条件运算符

在 if 语句中，当被判别的表达式的值为"真"或"假"时，都会执行一个赋值语句且向同一个变量赋值时，此时可以用一个条件运算符来代为处理。

条件运算符的格式为：

变量 =(表达式 1)?(表达式 2)：(表达式 3);

执行过程为：当表达式 1 的值为"真"时，取表达式 2 的值赋给变量；当表达式 1 的值为"假"时，取表达式 3 的值赋给变量。

用条件运算符可以实现 if 语句的如下形式。

if(表达式)
    < 语句 1>
else
    < 语句 2>

例如：

if(a>b)max=a；else max=b；用条件运算符可以等价写成：

max=(a>b)?a:b；条件运算符是 C 语言中唯一一个三目运算符，其结合性为"从右到左"。

> 注意：在写该表达式的时候，3 个表达式的类型可以各不相同。其中，表达式 2 和表达式 3 不仅可以是数值表达式，还可以是赋值表达式或函数表达式。条件运算符的优先级低于逻辑运算符，但高于赋值运算符。

实例 3-2-9：任意输入 3 个整数，输出最小值。

```
01  #include<stdio.h>
02  int main()
```

```
03  {
04      int x,y,z,min;
05      printf(" 请输入 x，y，z: ");
06      scanf("%d%d%d",&x,&y,&z);
07      min=x>y?y:x;                   /* 先比较 x 与 y 的值，把较小的保存在变量 min 中 */
08      min=min>z?z:min;              /* 比较此时 min 和 z 的值，返回较小的保存在 min 中 */
09      printf("min=%d\n",min);
10      return 0;
11  }
```

程序运行结果如图 3-2-12 所示。

图 3-2-12 中显示：

```
C:\Windows\system32\cmd.exe
请输入x，y，z: 45 67 78
min=45
请按任意键继续. . .
```

◆ 图 3-2-12　实例 3-2-9 运行结果

6. switch 语句

switch 语句是一个多分支结构的语句，它所实现的功能与多分支 if 语句很相似，但在大多数情况下，switch 语句表达方式更加直观、简单和有效。　switch 语句解析

```
switch( 表达式 )
{
    case 常量表达式 1：语句 1；break；
    case 常量表达式 2：语句 2；break；
        ⋮
    case 常量表达式 n：语句 n；break；
    default：语句 n+1；break；
}
```

switch 语句多分支结构的执行流程如图 3-2-13 所示。其执行过程为：首先计算 switch 后面括号内表达式的值，然后将表达式的值从上到下按顺序与各个 case 后面的常量表达式的值进行比较，若与某个常量表达式的值相等，则执行该常量表达式后面的语句，然后再执行 break 语句，跳出 switch 语句，结束 switch 语句的执行；如果表达式的值与任何一个常量表达式的值都不相等，则执行 default 后面的语句，结束 switch 语句的执行。

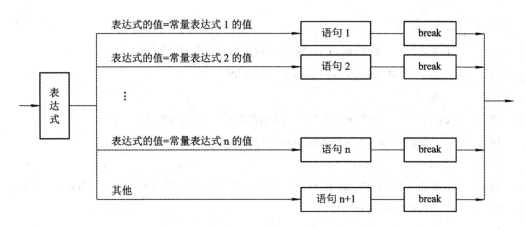

◆ 图 3-2-13   switch 语句流程图

关于 switch 语句的几点说明：

(1) switch 后面的表达式的值只能为整型、字符型和枚举型。

(2) 每个 case 后面的常量表达式的值必须互不相同，否则就会出现互相矛盾的现象。

(3) 各个 case 的出现次序不影响执行结果。

(4) 可以让多个 case 共用一组执行语句。

(5) switch 语句允许嵌套使用。

(6) break 表示跳出 switch 语句块。

以下是 switch 语句的几种用法示例：

(1) 在 switch 语句格式中的每个语句后面都使用 break 语句。

实例 3-2-10：编写程序，输入一个月份值，输出该月份是第几季度。

```
01  #include <stdio.h>
02  int main()
03  {
04      int month;
05      printf("Enter month:");
06      scanf("%d",&month);              // 输入月份
07      switch((month-1)/3)             // 对 (month-1) 除以 3 取的商进行判断
08      {
09      case 0:                          // 如果 (month-1) 除以 3 的商等于 0，则为第 1 季度
10          printf("%d month is first quarter.\n",month);
11          break;
12      case 1:                          // 如果 (month-1) 除以 3 的商等于 1，则为第 2 季度
13          printf("%d month is second quarter.\n",month);
```

```
14          break;
15      case 2:      // 如果 (month-1) 除以 3 的商等于 2，则为第 3 季度
16          printf("%d month is third quarter.\n",month);
17          break;
18      case 3:      // 如果 (month-1) 除以 3 的商等于 3，则为第 4 季度
19          printf("%d month is fourth quarter.\n",month);
20          break;
21      default:    // 如果 (month-1) 除以 3 的商不等于 0、1、2、3 中的个数，则为输入错误
22          printf("Enter error.\n");
23          break;
24      }
25      return 0;
26  }
```

程序运行结果如图 3-2-14 所示。

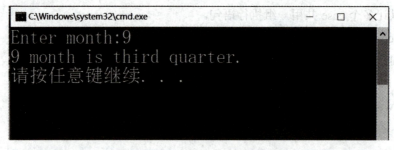

◆ 图 3-2-14　实例 3-2-10 运行结果 1

说明：

① 使用 switch 语句的一个难点是构造 switch 语句的表达式。

② 本例中构造的表达式为"(month-1)/3"。当输入月份为 1、2、3 时，表达式的值为 0；当输入月份为 4、5、6 时，表达式的值为 1；当输入月份为 7、8、9 时，表达式的值为 2；当输入月份为 10、11、12 时，表达式的值为 3。

(2) 在 switch 语句格式中不使用 break 语句。

如果程序中不写 break 语句，程序在执行相应语句后，不会跳出正在执行的 switch 语句，而会继续执行其后的所有语句。

例如，将上面示例中的 break 语句去掉后的程序如下：

```
01  #include <stdio.h>
02  int main()
03  {
```

```
04      int month;
05      printf("Enter month:");
06      scanf("%d",&month);              // 输入月份
07      switch((month-1)/3)             // 对 (month-1) 除以 3 取的商进行判断
08      {
09          case 0:                     // 如果 (month-1) 除以 3 的商等于 0，则为第 1 季度
10              printf("%d month is first quarter.\n",month);
11              // break;
12          case 1:                     // 如果 (month-1) 除以 3 的商等于 1，则为第 2 季度
13              printf("%d month is second quarter.\n",month);
14              // break;
15          case 2:                     // 如果 (month-1) 除以 3 的商等于 2，则为第 3 季度
16              printf("%d month is third quarter.\n",month);
17              // break;
18          case 3:                     // 如果 (month-1) 除以 3 的商等于 3，则为第 4 季度
19              printf("%d month is fourth quarter.\n",month);
20              // break;
21          default:
                // 如果 (month-1) 除以 3 的商不等于 0、1、2、3 中的个数，则为输入错误
22              printf("Enter error.\n");
23              // break;
24      }
25      return 0;
26  }
```

程序运行结果如图 3-2-15 所示。

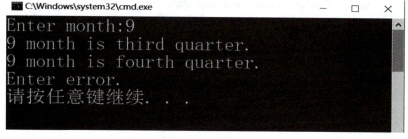

◆ 图 3-2-15 实例 3-2-10 运行结果 2

从程序运行结果中可以看出，程序在输出"第 3 季度"后未跳出 switch 语句，而又继续执行了后面的语句。我们可以通过在 switch 语句格式中的部分 case 语句后面使用 break 语句，来解决这一问题。

(3) 在 switch 语句格式中的部分语句后面使用 break 语句。

将上例的程序进行改写，同样可以得到预期的结果。

```
01  #include <stdio.h>
02  int main()
03  {
04      int month;
05      printf("Enter month:");
06      scanf("%d",&month);              // 输入月份
07      switch(month)                    // 对 month 进行判断
08      {
09          case 1:                      // 判断输入 1～3 时为第一季度
10          case 2:
11          case 3:
12              printf("%d month is first quarter.\n",month);
13              break;
14          case 4:                      // 判断输入 4～6 时为第二季度
15          case 5:
16          case 6:
17              printf("%d month is second quarter.\n",month);
18              break;
19          case 7:                      // 判断输入 7～9 时为第三季度
20          case 8:
21          case 9:

22              printf("%d month is third quarter.\n",month);
23              break;
24          case 10:                     // 判断输入 10～12 时为第四季度
25          case 11:
26          case 12:
27              printf("%d month is fourth quarter.\n",month);
28              break;
29          default:                     // 如果不是上面的某个数，则为输入错误
30              printf("Enter error.\n");
31              break;
```

```
32          }
33 reurn 0;
34 }
```

程序运行结果如图 3-2-16 所示。

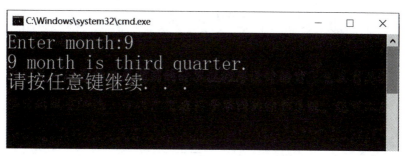

◆ 图 3-2-16　实例 3-2-10 运行结果 3

从程序运行结果可以看出,在部分语句后面使用 break 语句,同样可以得出正确的结果。

拓展训练四:

已知 1 个灯泡并联了 3 个开关,分别为开关 1、开关 2 和开关 3,另 1 串彩灯串联了 1 个开关 4,开关 5 和开关 6 并联了 1 个白炽灯和节能灯,如果随意按下 1 个开关,哪个灯能亮?

3.3　循环结构程序设计

循环结构是结构化程序设计中的基本结构之一,循环结构在程序设计中的应用很普遍,几乎所有具有使用价值的应用程序中都包含着循环结构。循环结构的特点是,可以完成有规律、需要重复计算或处理的任务。虽然重复执行的语句相同,但语句中一些变量的值在发生着变化,当达到循环次数或满足一定条件,循环结束。

C 语言提供了 for 语句、while 语句和 do⋯while 3 种循环语句。

3.3.1　while 语句

while 语句的一般形式如下:

while 语句解析

```
循环变量的初始值;
while( 循环条件表达式 )
循环体语句;
```

循环体语句可以是一条,也可以是多条,当为多条时应该用“{}”将其括起来,使其成为一个复合语句。

执行过程为：首先计算表达式的值，如果表达式的值为非零，则执行循环体语句，然后返回重新计算表达式的值，反复执行循环体语句，直到表达式的值为零，则结束循环。如果表达式的值一开始就为0，则循环体语句一次也不会被执行，其流程图如图3-3-1所示。

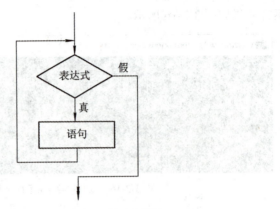

◆ 图3-3-1　while 语句流程图

实例 3-3-1： 求 s=1+2+3+…+100 的值，用 while 语句实现。

对实例 3-3-1 进行算法分析，其流程如图 3-3-2 所示。

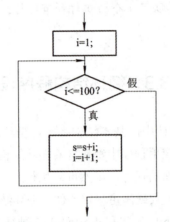

◆ 图3-3-2　实例 3-3-1 算法流程图

其执行步骤为：

(1) 定义变量 i 并存储加数，定义变量 s 并存储累加的和。

(2) 初始化 i，s。

(3) 若 i<=100，执行第 (4) 步，否则执行第 (7) 步。

(4) s=s+i。

(5) i++。

(6) 转第 (3) 步。

(7) 输出 s。

```
01 #include<stdio.h>
02 main()
03 {
04     int i=1, s=0;
05     while(i<=100)                    /* 循环条件判断 */
06     {
07         s=s+i;                       /* 花括号内的为循环体 */
08         i=i+1;                       /* 步长值为1*/
09     }
10     printf("sum is%d\n", s);         /* 输出结果 */
11 }
```

程序运行结果如图 3-3-3 所示。

◆ 图 3-3-3　实例 3-3-1 运行结果

实例 3-3-2：输入一个正整数 n，计算 n!。

分析：本例是求 fact=1×2×3×⋯×n，即求 n 的阶乘。用变量 fact 存放累乘的结果，其初值设置为 1；变量 i 用于存放 1～n 的每一个自然数，初值取 1。

```
01 #include<stdio.h>
02 int main()
03 {   int i;long n, fact;                /* 定义用到的变量 */
04     i=2;fact=1;                        /* 变量赋初值 */
05     printf(" 请输入 n 的值：");
06     scanf("%ld", &n);
07     while(i<=n)                        /* 循环入口，条件判断 */
08         {   fact=fact*i;               /* 累乘器，累乘一个值 */
09             i=i+1;                     /* 累乘项的增量 */
10         }
11     printf("%ld ! =%ld\n", n, fact);   /* 输出阶乘值 */
12     return 0;
13 }
```

程序运行结果如图 3-3-4 所示。

◆ 图 3-3-4 实例 3-3-2 运行结果

拓展训练五：

猜数字游戏：系统定义好一个数，用户输入数字，得到提示偏大或偏小，猜对后即终止程序。

do…while语句
解析

3.3.2 do…while 语句

do…while 语句的特点是先执行循环体语句，然后再判断循环条件是否成立。其一般形式为：

```
循环变量的初始值
do
    循环体语句；
while( 循环条件表达式 )；
```

执行过程：先执行一次循环体语句，然后判断循环表达式，当表达式的值非零 (真) 时，返回并重新执行循环体语句，如此反复，直到表达式的值为 0，结束循环，如图 3-3-5 所示。

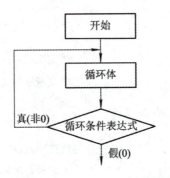

◆ 图 3-3-5 do…while 语句流程图

实例 3-3-3： 使用 do…while 语句计算 sum=1+2+3+…+100 的值。

```
01  #include<stdio.h>
02  int main()
```

```
03 {    int i, sum;                    /* 定义用到的变量 */
04      i=1;sum=0;                      /* 变量赋初值 */
05      do
06      {    sum=sum+i;                 /* 累加器，累加一个值 */
07          i=i+1;                      /* 累加项的增量 */
08      }while(i<=100);                 /* 循环的条件 */
09      printf("sum=%d\n", sum);        /* 输出累加和 */
10      return 0;
    }
```

程序运行结果如图 3-3-6 所示。

◆ 图 3-3-6 实例 3-3-3 运行结果

使用 do…while 语句时，应注意以下几点：

(1) 在 do 之后不能有语句结束符 ";"，因为该语句还没有结束。

(2) 在 while(表达式) 之后必须有语句结束符 ";"，表示 do…while 语句到此结束。

(3) 在循环体中必须有改变循环条件的语句，否则会出现死循环。

实例 3-3-4：输入一个整数，统计该数的位数。

分析：若一个整数由可多位数字组成，则统计其位数需要一位一位的数，方法是将该整数由个位数开始一位一位地去掉，每减少一位数字，统计位数的计数变量值加 1，直到该整数为 0，统计结束，求解过程为一个循环过程。

```
01 #include<stdio.h>
02 int main()
03 {    long n, m;                      /* 定义用到的变量 */
04      int count=0;                    /* 计数变量赋初值 0*/
05      printf(" 请输入一个整数：");
06      scanf("%ld", &n);               /* 输入整数 */
07      m=n;
08      if(n<0) n=-n;                   /* 输入的负数转换为正数 */
09      do                              /* 循环入口 */
10      {    n=n/10;                    /* 减少一位数字 */
```

```
11          count++;                    /* 位数加 1*/
12      }while(n！=0);                   /* 循环结束的条件是 n=0*/
13      printf(" 整数 %1d 有 %d 位数 \n", m，count);
14      return 0;
15  }
```

程序运行结果如图 3-3-7 所示。

图 3-3-7 实例 3-3-4 运行结果

拓展训练六:

自动售卖机有 3 种饮料，价格分别是 3 元、5 元、7 元。自动售卖机仅支持 1 元硬币支付，请编写该售卖机自动收费系统。

3.3.3 for 语句

for语句解析

for 语句是 C 语言提供的功能强大、使用广泛的一种循环结构语句，它不仅可以解决循环次数未知的循环问题，也特别适合解决循环次数已知的循环问题，使用十分灵活方便。

for 语句的一般形式为:

```
for( 表达式 1；表达式 2；表达式 3)
{
    循环体语句;
}
```

for 语句的执行过程如下:

(1) 计算表达式 1。

(2) 判断表达式 2，若其值为真 (非 0)，则执行循环体语句，然后执行第 (3) 步；若其值为假 (0)，则结束循环，转到第 (5) 步执行。

(3) 计算表达式 3。

(4) 返回第 (2) 步继续执行。

(5) 循环结束，继续执行 for 语句的下一条语句。

大部分情况下，循环体语句为一复合语句。for 语句的执行流程如图 3-3-8 所示。

注意: 表达式 1 只是在进入循环之前会被计算一次，表达式 2、循环体语句和表达式 3 将被重复执行。

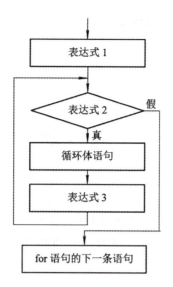

◆ 图 3-3-8   for 语句执行流程图

根据 for 语句格式的特点，其实际应用可以有以下多种形式。

1. for 语句可以应用于计数型的循环

实例 3-3-5：输入一个正整数 n，求 1+2+3+4+…+n 的值。

```
01 #include <stdio.h>
02 int main()
03 {   int i，n，sum;
04     scanf("%d"，&n);                              /* 调用 scanf 函数输入 n*/
05     sum=0;                                        /* 置累加和 sum 的初值为 0*/
06     for(i=1；i<=n；i++)                           /* 循环执行 n 次 */
07        sum=sum+i;                                 /* 累加器，累加 i 的值 */
08     printf(" 由 1 到 %d 的和是：%d\n"，n，sum);    /* 输出累加和 */
09     return 0;
10 }
```

运行结果如图 3-3-9 所示。

◆ 图 3-3-9   实例 3-3-5 运行结果

2. 在 for 语句的一般形式中省略表达式 1

格式如下：

```
for( ；表达式 2；表达式 3)
    循环体语句；
```

说明：当省略表达式 1 时，可以将给循环变量赋初值的表达式 1 放在 for 语句之前。注意，此时不能省略第一个 ";"。

例如，实例 3-3-5 的循环语句为：

```
for(i=1;i<=n;i++)                /* 循环执行 n 次 */
    sum=sum+i;                    /* 累加器，累加 i 的值 */
```

等价于：

```
i=1;
for(;i<=n; i++)                  /* 循环执行 n 次 */
    sum=sum+i;                    /* 累加器，反复累加 i 的值 */
```

3. 在 for 语句的一般形式中省略表达式 2

格式如下：

```
for( 表达式 1；；表达式 3)
    循环体语句；
```

说明：当省略表达式 2 时，表示程序不对循环进行控制，这时如果没有其他循环处理语句的话，会形成死循环。应避免这样使用 for 语句。

4. 在 for 语句的一般形式中省略表达式 3

格式如下：

```
for( 表达式 1；表达式 2；)
    循环体语句；
```

说明：当省略表达式 3 时，可以通过在循环体语句中加入修改循环变量值的语句来代替表达式 2。

例如，实例 3-3-5 中的循环语句还可以如下表示：

```
for(i=1; i<=n; i++)              /* 循环执行 n 次 */
    sum=sum+i;                    /* 累加器，反复累加 i 的值 */
```

等价于：

```
for(i=1;i<=n;)                    /* 循环执行 n 次 */
{   sum=sum+i;                    /* 累加器，反复累加 i 的值 */
    i++;}                         /* 循环变量增值 */
```

5. for 语句一般形式中的表达式 1 和表达式 3 也可以是由逗号分隔的多个表达式组成的逗号表达式

例如，实例 3-3-5 中的程序段还可以如下表示：

```
sum=0;                           /* 置累加和 sum 的初值为 0*/
for(i=1;i<=n;i++)                /* 循环执行 n 次 */
    sum=sum+i;                   /* 累加器，反复累加 i 的值 */
```

等价于：

```
for(sum=0，i=1;i<=n;i++)         /* 循环执行 n 次 */
    sum=sum+i;                   /* 累加器，反复累加 i 的值 */
```

表达式 1 sum=0，i=1 为逗号表达式。

6. for 语句一般形式中表达式 2 的值只要非 0，就执行循环体语句

例如：

```
for(;(ch=getchar())！  ='\n';)
    printf("%c"，ch);
```

7. for 语句一般形式中的循环体语句可以省略

例如，实例 3-3-5 的循环语句为：

```
for(i=1;i<=n;i++)                /* 循环执行 n 次 */
    sum=sum+i;                   /* 累加器，反复累加 i 的值 */
```

等价于：

```
for(i=1; i<=n; sum=sum +i, i++)   /* 循环执行 n 次，并实现累加 */
;
```

将循环体语句 sum=sum+i；放到表达式 3 中，与 i++ 构成一个逗号表达式，此时循环体语句需要一个空语句 ";"（单独一个 ";" 称为空语句）。

由以上 7 种 for 语句形式的应用可以看出，C 语言中的 for 循环控制结构的功能非常强大，在解决实际问题中起着很重要的作用。

实例 3-3-6：编写程序，输入 10 个数，并输出其中的最大数。

分析：这是典型的最值问题，求解的思路是：定义变量 max 存放最大数，将输入的第一个数赋值给 max 作为最大数，在后续循环中，每输入一个数，都与 max 的值进行比较，若其值比 max 的值大，则将其赋值给 max，循环结束后，变量 max 的值即为最大数。

```
01 #include<stdio.h>
02 int main()
03 {   int i;float x，max;
04     printf(" 请输入第 1 个数：");
05     scanf("%f"，&x);                              /* 输入第一个数 */
06     max=x;                                        /* 将第一个数作为最大数 */
07     for(i=1;i<=9;i++)
08     {   printf(" 请输入第 %d 个数："，i+1);          /* 提示输入第 i 个数 */
09         scanf("%f"，&x);
10         if(x>max)                                 /* 将输入的后续数与最大数进行比较 */
11             max=x;                                /* 取最大数 */
12     }
13     printf("10 个数的最大值是：%.0f"，max);          /* 输出最大数 */
14     return 0;
15 }
```

程序运行结果如图 3-3-10 所示。

◆ 图 3-3-10 实例 3-3-6 运行结果

实例 3-3-7：编写程序，输出所有的水仙花数。

水仙花数的定义为：各位数字的立方之和等于该数本身的 3 位整数。假定需要判断的 3 位整数为 number，其百位数为 a，十位数为 b，个位数为 c，则依次取出 number 的百位数 a、十位数 b 与个位数 c，若满足：

number==a*a*a+b*b*b+c*c*c，则 number 就是水仙花数。

```
01 #include<stdio.h>
02 int main()
03 {   int number，a，b，c;
04     for(number=100;number<=999;number++)
05     {   a=number/100;                 /* 取得百位数 */
```

```
06          b=number%100/10;          /* 取得十位数 */
07          c=number%10;              /* 取得个位数 */
08          if(number==a*a*a+b*b*b+c*c*c)
09          printf("%5d", number);
10      }
11      return 0;
12  }
```

程序运行结果如图 3-3-11 所示。

◆ 图 3-3-11   实例 3-3-7 运行结果

实例 3-3-8：编写程序，由键盘输入一个正整数，并判断其是否为素数。

素数的定义为：素数只能被 1 和它本身整除；1 不是素数，2 是素数。

假定需要判断的正整数为 number，则如果 number 是素数，一定满足：number%i 均不为 0。其中 1<i<number，即 i 取 2，3，4，…，number-1。一旦某个 i 使 number%i 为 0，则 number 一定不是素数。

判断素数的算法描述如下：

```
flag=1;                                      /*flag 为 1，number 是素数，否则不是素数 */
for(i=2; i<=number-1 && flag; i++)
    if(number%i==0)flag=0;
```

for 循环重复判断 number%i 是否为 0。如果 number 是素数，循环会一直重复到 i=number 时结束，flag 保持为 1。如果 number 不是素数，一旦 number%i 为 0，flag 会被赋值为 0，则循环条件不满足，跳出 for 循环。因此通过判断 flag 的值就能确定 number 是否为素数。

```
01 #include<stdio.h>
02 int main()
03 {   int i, flag, number;
04     printf(" 请输入一个正整数：");
05     scanf("%d", &number);
```

```
06      flag=1;                          /* 若 flag 为 1，则 number 是素数，否则不是素数 */
07      for(i=2;i<=number-1 && flag;i++)
08          if(number%i==0)              /* 判断是否某个 i 能整除 number*/
09              flag=0;                  /* 若 flag 为 0，则 number 一定不是素数 */
10      if(flag)                         /* 循环结束后，判断 flag 的值 */
11          printf("%d 是素数 \n", number);
12      else
13          printf("%d 不是素数 \n", number);
14      return 0;
15  }
```

程序运行结果如图 3-3-12 所示。

◆ 图 3-3-12　实例 3-3-8 运行结果

课后思考：
思考用更优化的算法完成素数的判断。

关于 for 语句的几点说明：

(1) for 语句在循环开始时进行条件测试，如果循环体部分是由两条或两条以上语句组成的，则必须用花括号括起来，使其成为一个复合语句。

(2) for 语句中的表达式 1 和表达式 3 既可以是一个简单的表达式，也可以是逗号表达式。

(3) for 语句中的表达式 1、表达式 2 和表达式 3 可以省略，但 ";" 不能省略，如：for(;;)。但如为死循环结构，则程序无法结束。

一般来说，如果题目中给出了循环次数，则实现语句首选 for 循环语句；如果循环次数不明确，需要通过其他条件控制循环，则实现语句通常选用 while 循环语句；如果需要先执行语句，然后再根据条件判断是否继续执行循环体，则实现语句选用 do…while 语句最适合。

拓展训练七：

有一组数 1，1，2，3，5，8，13，21，34…要求计算出这组数的第 n 个数是多少？（提示：前两个数相加等于第三个数）

3.3.4 循环的嵌套

如果一个循环体内又包含另一个完整的循环结构，则该循环结构被称为循环的嵌套。3 种循环结构 while 循环、do…while 循环和 for 循环是可以互相嵌套的。下面几种形式都是合法的。

循环的嵌套介绍

(1)	(2)	(3)
while()	while()	do
{…	{…	{…
while()	do	do{…}
{…}	{…}while();	while();
}	}	}while();
(4)	(5)	(6)
for(; ;)	for(; ;)	for(; ;)
{…	{…	{…
do()	for(; ;)	while()
{…}while( )	{…}	{…}
}	}	}

以下两个例子是通过使用 for 循环嵌套进行编程的，读者可自行尝试用其他形式的嵌套循环加以完成。

实例 3-3-9： 编写程序，输出乘法口诀表。

```
01  #include<stdio.h>
02  int main()
03  {   int i, j;                          /* 定义用到的变量 */
04      for(i=1;i<=9;i++)                  /* 外循环控制输出 9 行 */
05      {   for(j=1;j<=i;j++)              /* 内循环控制每行输出 i 列 */
06          printf("%d*%d=%d\t", j, i, j*i);   /* 输出格式控制 */
07      printf("\n");                      /* 控制换行 */
08      }
09      return 0;
10  }
```

程序运行结果如图 3-3-13 所示。

◆ 图 3-3-13　实例 3-3-9 运行结果

实例 3-3-10：求 100 以内的素数，要求每行输出 10 个数值。

```
01  #include<stdio.h>
02  #include<math.h>
03  int main()
04  {   int i, n, k, count=0;
05      n=2;                              /* 给外循环控制变量赋初值 */
06      while(n<100)                      /* 对外循环次数进行控制 */
07      {    k=sqrt(n);                   /* 给内循环中的变量赋初值 */
08          for(i=2;i<=k;i++)            /* 对内循环次数进行控制 */
09              if(n%i==0) break;        /* 如果不是素数则跳出内循环 */
10          if(i>k)
11          {   printf("%4d", n);        /* 如果是素数则将其输出 */
12              if(++count%10==0) printf("\n");   /* 控制每行输出 10 个值 */
13          }
14          n++;
15      }
16      return 0;
17  }
```

程序运行结果如图 3-3-14 所示。

◆ 图 3-3-14　实例 3-3-10 运行结果

拓展训练八：

打印输出金字塔形状。

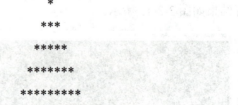

跳转语句介绍

3.3.5　break、continue 和 goto 语句

在前面介绍的 3 种循环语句，即 for 循环语句、while 循环语句及 do…while 循环语句

中，当循环次数达到设定值或者循环的判断条件为"假"时，循环结束，这种循环控制方式在实际的程序设计中是远远不够的。许多时候，当循环结构中出现多个循环条件时，要求当某个循环条件满足时循环立即结束，或者循环结构中根据条件会跳过某些语句继续循环，这就要在循环结构中配合使用 break 语句、continue 语句及 goto 跳转语句。

1. break 语句

break 语句的一般形式如下：

```
break;
```

当 break 语句用于循环语句时，可使程序终止循环而转去执行循环语句的后继语句。通常 break 语句总是与 if 语句一起配合使用，即满足条件时便跳出循环。

实例 3-3-11：分析下面程序的运行结果。

```
01 #include<stdio.h>
02 int main()
03 {    int i=5;
04      do
05      {   if(i%3==1)
06           if(i%5==2)
07           {   printf("%d"，i);
08               break;
09           }
10           i++;
11      }while(i！=0);
12      return 0;
13 }
```

说明：程序中的两条 if 语句可以合并为一条，即合并为 if((i%3==1)&&(i%5==2))，这样程序的可读性更好，其含义是"查找第一个大于 5 且满足条件：除以 3 余 1 且除以 5 余 2 的整数"，程序的运行结果为 7。

2. continue 语句

continue 语句的作用是跳过循环体中 continue 后面的语句，继续执行下一次循环。continue 语句只能用在循环语句中，常与 if 语句一起使用。

continue 语句的一般形式如下：

```
continue;
```

实例 3-3-12：把 1 ～ 100 之间能被 7 整除的数，以每行输出 5 个数值的形式输出在屏幕上。

```
01  #include<stdio.h>
02  int main()
03  {   int i, n=1;
04      for(i=1;i<=100;i++)
05      {   if(i%7！=0)
06              continue;                    /* 若不能被7整除，则继续执行下一次循环 */
07          printf("%4d", i);
08          if(n++%5==0) printf("\n");        /* 控制每行输出5个数值 */
09      }
10      return 0;
11  }
```

程序运行结果如图 3-3-15 所示。

◆ 图 3-3-15　实例 3-3-12 运行结果

说明：

(1)"if(i%7！=0) continue；"语句的功能是：如果 n 不能被 7 整除，则结束本次循环，转而执行"i++；"，继续执行下一次循环。

(2)本例示范了 continue 语句的使用方法，其实本例的实现也可以不使用 continue 语句。例如，可将本例中的循环体部分改写成为：

```
if(i%7==0)
    printf("%4d", i);
```

注意：continue 语句与 break 语句在功能上有着本质的区别：continue 语句只是结束本次循环，并不终止整个循环的执行；而 break 语句的作用是强制终止整个循环。

3. goto 语句

除了前面介绍的 3 种循环控制语句外，在 C 语言中，还有一种可以实现循环控制的语句，即 goto 语句。

goto 语句的一般形式如下：

```
goto< 语句标号 >;
```

功能：goto 语句为无条件转向语句，当程序执行到 goto 语句时，无条件地转到 goto 语句中＜语句标号＞所指定的语句并执行。

说明：

(1) goto 语句中的＜语句标号＞必须用标识符表示，不能用整数作为标号。

(2) 当 goto 语句与 if 语句一起使用，并满足某条件时，程序跳到标号所指的语句并执行该语句。

(3) 用 goto 语句从循环体中跳到循环体外，该用法在语法上没有错误，但是不符合程序的结构化原则，一般不宜采用。

实例 3-3-13：使用 goto 语句计算 sum=1+2+3+4+……+100 的值。

```
01 #include<stdio.h>
02 int main()
03 {   int i，sum;
04     i=1;sum=0;
05 loop:   if(i<=100)                  /*loop 为 goto 跳转的语句标号 */
06     {   sum=sum+i;
07         i=i+1;
08         goto loop;                   /* 跳转到语句标号 loop 处继续执行 */
09     }
10     printf("sum=%d\n"，sum);         /* 输出累加和 */
11     return 0;
12 }
```

程序运行结果如图 3-3-16 所示。

◆ 图 3-3-16　实例 3-3-13 运行结果

由于 goto 语句会破坏程序执行的顺序性和结构性，所以结构化程序设计中，不建议使用 goto 语句。

拓展训练九：

某剧院发售演出门票，演播厅观众席有 4 行座位，每行有 10 个座位，为了不影响观众席的视角，在发售门票时，屏蔽掉最左一列和最右一列的座位。

3.3.6　典型算法举例

在解决实际问题的过程中，经常要用到一些典型的算法，熟悉并掌握这些算法，对提高程序设计的技能与技巧很有帮助。本节介绍常用的递推法、迭代法及穷举法的算法实现。

1. 递推法

实例 3-3-14：猴子吃桃问题。猴子第一天摘下若干个桃子，并吃了一半，但是还觉得不够过瘾，于是又多吃了一个，第二天早上又将剩下的桃子吃掉一半，又多吃了一个。以后每天早上都吃了前一天剩下的一半零一个，到第十天早上时，只剩下一个桃子了。问第一天共摘了多少个桃子？

分析：设前一天的桃子数是 d1，后一天的桃子数是 d2，则根据题意有 d1=(d2+1)*2。

现已知第十天只剩下一个桃子，可根据上面的式子计算出第九天桃子的数量为 (1+1)*2=4。即已知第十天的桃子数量，就可计算出第九天的桃子数量；再根据第九天桃子的数量计算出第八天桃子的数量，……，最后倒推出第一天桃子的数量。每天桃子的数量见表 3-3-1。

表 3-3-1 每天桃子的数量

天数	10	9	8	7	6	5	4	3	2	1
桃子	1	4	10	22	46	94	190	382	766	1534

代码如下：

```
01  #include<stdio.h>
02  int main()
03  {   int day，d1，d2;
04      day=9;                  /* 第 10 天的桃子数量是已知的，还有 9 天 */
05      d2=1;                   /* 第 10 天的桃子数量是 1 个 */
06      do
07      {   d1=(d2+1)*2;
08                              /* 计算前一天的桃子数量 ( 是后一天桃子数加 1 后的 2 倍 )*/
09          d2=d1;              /* 将前一天的桃子数量作为后一天的桃子数量 */
10          --day;             /* 天数减 1*/
11      }while(day>0);         /* 循环的条件 */
12      printf(" 第一天摘了 %d\n"，d1);
13      return 0;
14  }
```

程序运行结果如图 3-3-17 所示。

◆ 图 3-3-17 实例 3-3-14 运行结果

递推法的解题思路是：由前项推出后项（正推法），或由后项推出前项（倒推法）。此题采用的是倒推法，首先要找出前后项之间的关系，写出由后项表达前项的表达式，然后再应用循环结构的 C 语言程序加以实现，其中写出前后项关系的表达式是关键环节。

2. 迭代法

实例 3-3-15：用迭代法求某数 a 的平方根，已知求平方根的迭代公式为：

$$x_1 = \frac{x_0 + \dfrac{a}{x_0}}{2}$$

利用以上迭代公式求出 a 的平方根的算法步骤如下：

(1) 可自定一个值作为 x_0 的初值，这里取 a/2 作为 x_0 的初值，利用迭代公式 $x_1 = (x_0 + a/x_0)/2$ 求出一个 x_1 的值。

(2) 把新求得的 x_1 的值赋给 x_0，准备用此新的 x_0 再去求出一个新的 x_1。

(3) 利用迭代公式再求出一个新的 x_1 值，也就是用新的 x_0 再求出一个新的平方根值 x_1，此值将更趋近真正的平方根值。

(4) 比较前后两次所求得的平方根值 x_0 和 x_1，若它们之间的误差小于或等于指定的值，则认为 x_1 就是 a 的平方根值，执行步骤 (5)；若它们之间的误差大于指定的值，则再转去执行步骤 (2)，即继续循环进行迭代运算。

(5) 输出 a 的平方根值。

```
01 #include<stdio.h>
02 #include<math.h>
03 main()
04 {   float a，x0，x1;
05     printf("Input a:");scanf("%f"，&a);
06     if(a<0)
07         printf("error！\n");              /* 不能求负数的平方根 */
08     else
09         {   x0=a/2;                        /* 先定义 X0 初值 */
10             x1=(x0+a/x0)/2;
11             do
12             {   x0=x1;x1=(x0+a/x0)/2;
13             }while(fabs(x0-x1)>1e-6);      /*fabs 为求绝对值的函数 */
14             printf("sqrt(%f)=%f 标准：sqrt(%f)=%f\n"，a，x1，a，sqrt(a))；
15         }
16 }
```

程序运行结果如图 3-3-18 所示。

◆ 图 3-3-18　实例 3-3-15 运行结果

3. 穷举法

实例 3-3-16：搬砖问题，36 块砖，36 人搬。男人一人搬 4 块，女人一人搬 3 块，两个小孩搬一块，要求一次性搬完。问男人、女人和小孩各几人？

分析：设男人的人数是 men，女人的人数是 women，小孩的人数是 child，则根据题意可以确定：men 的取值范围在 0 ～ 9 之间，women 的取值范围在 0 ～ 12 之间，child 的人数为 36-men-women。

```
01  #include<stdio.h>
02  int main()
03  {   int men，women，child;
04      for(men=0;  men<=9;men++)              /* 男的最多需 9 人 */
05          for(women=0;women<=12;women++)     /* 女的最多需 12 人 */
06          {   child=36-men-women;            /* 小孩的人数 */
07              if(men*8+women*6+child==72)    /* 判断条件 */
08                  printf(" 男：%d, 女：%d, 小孩：%d\n", men，women，child);
09          }
10      return 0;
11  }
```

程序运行结果如图 3-3-19 所示。

◆ 图 3-3-19　实例 3-3-16 运行结果

本题目采用的算法是穷举法。穷举法的解题思路是：对一个集合内的每个元素进行一一测试。集合即为取值范围，首先要确定问题的取值范围，然后对取值范围内的所有值逐个判断有哪些是符合题意的，从而得到问题的全部答案。

实例 3-3-17：编写程序，判断由 1、2、3、4 这 4 个数字能组成多少个互不相同且无重复数字的 3 位数，且输出这些数。

分析：3 位数中的百位、十位及个位上的数字只能取 1、2、3 或 4，所以若用 i、j、k 分别表示百位、十位及个位上的数字，则它们的取值范围为 [1，4]，利用三重循环得到它们的排列组合，然后从中去掉不满足条件的排列。

```c
01  #include<stdio.h>
02  int main()
03  {   int i, j, k, n=0;
04      for(i=1;i<5;i++)                        /* 以下为三重循环 */
05        for(j=1;j<5;j++)
06          for(k=1;k<5;k++)
07            if(i！=k && i！=j && j！=k)
08                                              /* 确保 i、j、k 三个数互不相同 */
09              {
10                printf("%d%d%d\t", i, j, k);   /* 输出满足条件的排列 */
11                if(++n%5==0)printf("\n");
12              }
13      printf("\n 共有：%d\n", n);
14      return 0;
15  }
```

程序运行结果如图 3-3-20 所示。

◆ 图 3-3-20   实例 3-3-17 运行结果

拓展训练十：

有一口深为 10 米的井，一只蜗牛从井底向井口爬行，白天向上爬 2 米，晚上向下滑 1 米，问多少天可以爬到井口？

一、单选题

1. 有以下程序：

```c
#include<stdio.h>
```

```
main()
{   int x=10,y=3 ;
    printf("%d\n",y=x/y);
}
```

执行后的输出结果是 (　　)。

 A. 0   B. 1   C. 3   D. 不确定的值

 2. 若变量 a、b、t 已被正确定义，要将 a 和 b 中的数值进行交换，以下选项中不正确的语句组是 (　　)。

 A. a=a+b,b=a-b,a=a-b   B. t=a,a=b,b=t

 C. a=t;t=b;b=a   D. t=b;b=a;a=t

 3. 若有以下程序段：

```
int  c1=1,c2=2,c3;
c3=c1/c2;
printf("%d\n",c3);
```

则该程序执行后的输出结果是 (　　)。

 A. 0   B. 1/2   C. 0.5   D. 1

 4. 已知 int x=10,y=20,z=30; 则执行下述语句后，x，y，z 的值是 (　　)。

```
if (x>y)
    z=x;x=y;y=z;
```

 A. x=10，y=20，z=30   B. x=20，y=30，z=30

 C. x=20，y=30，z=10   D. x=20，y=30，z=20

 5. 已知有声明 "int x, a=3, b=2;"，则执行赋值语句 "x=a>b++?a++:b++;" 后，变量 x、a、b 的值分别为 (　　)。

 A. 3 4 3   B. 3 3 4   C. 3 3 3   D. 4 3 4

 6. 以下选项中，不能表示函数 $sign(x)=\begin{cases}1 & x>0 \\ 0 & x=0 \\ -1 & x<0\end{cases}$ 功能的表达式是 (　　)。

 A. s=(x>0)?1:(x<0)?-1:0   B. s=x<0?-1:(x>0)?1:0

 C. s=x<=0?-1:(x==0)?0:1   D. s=x>0?1:x==0?0:-1

 7. 下面是关于 if 语句和 switch 语句的叙述，其中错误的是 (　　)。

 A. if 语句和 switch 语句都可以实现算法的选择结构

 B. if 语句和 switch 语句都能实现多路 (两路以上) 选择

 C. if 语句可以嵌套使用

 D. switch 语句不能嵌套使用

 8. 以下叙述中正确的是 (　　)。

 A. 只要适当地修改代码，就可以将 do…while 语句与 while 语句相互转换

B. 对于"for(表达式 1；表达式 2；表达式 3) 循环体"语句，首先要计算表达式 2 的值，以便决定是否开始循环

C. 对于"for(表达式 1；表达式 2；表达式 3) 循环体"语句，只在个别情况下才能转换成 while 语句

D. 如果根据算法需要使用无限循环 (即通常所称的"死循环") 语句，则只能使用 while 语句

9. 设有定义：int sum=100,i;

在以下选项中，能够实现 sum-=1+2+3+…+10 的程序段是 (　　　)。

A. for (i=0;i<=10;)
 　sum=sum-i++;

B. i=0;
 　do
 　{sum=sum-++i;
 　}while(i<=10);

C. i=0;
 　while(i<>;
 　　sum=sum-++i)

D. i=1;
 　for(　　;i<10;i++)
 　　sum=sum-i++;

10. 设有以下程序

```
#include<stdio,h>
main()
{
    int a=-2,b=2;
    for( ;++a&&--b;);
    printf("%d,%d\n",a,b);
}
```

则该程序运行后的输出结果是 (　　　)。

A. 0，1　　　　　B. 0，0　　　　C. 1，-1　　　D. 0，2

二、阅读程序题

1. 以下程序运行后，其输出结果的第一行为 _____，第二行为 _____。

```
#include<stdio.h>
int main()
{   int n=5;
    do
    {   switch(n%2)
        {   case 0: n--; break;
            case 1: n--; continue;
        }
        n--;
```

```
            printf("%d\n", n);
        }while(n>0);
        return 0;
    }
```

2. 下面程序的运行结果是 _____。

```
#include<stdio.h>
int main()
{    int i,j,m=55;
     for(i=1;i<=3;i++)
         for(j=3;j<=i;j++)
             m=m%j;
     printf("%d\n", m);
     return 0;
}
```

三、编程题

1. 编写程序，输入一个整数，判断它是奇数还是偶数，并输出判断结果。

2. 编写程序，由键盘输入一元二次方程 $ax^2+bx+c=0(a \neq 0)$ 的 a、b、c 的值，求方程的解。

3. 输出 1000 之内的全部"完数"，要求每行输出 5 个，并统计完数的个数。一个数如果恰好等于它的因子之和，就称其为完数。

4. 输出 1900—2000 年中所有的闰年，每输出 3 个年号换一行。(判断闰年的条件为：年份数值能被 4 整除，但不能被 100 整除，或者能被 400 整除。)

项目 2 学生成绩管理系统

项目设置意义

本项目的主要目的是加强基础知识的学习，通过对本项目的学习能够理解和掌握模块化程序设计的思想和方法，掌握数组、函数和指针的定义及应用，培养利用 C 语言进行软件设计的能力。

项目功能分析

本项目将实现对学生某门课程成绩的统计。涉及的主要模块有菜单显示模块、登录模块、录入信息模块、浏览信息模块、统计总分和平均分模块、统计最高分和最低分模块、统计各分数段人数模块以及退出模块，每个模块都定义一个功能相对独立的函数。对于本项目中所涉及的统一类型的大量数据的处理，利用 C 语言中提供的"数组"来储存数据，并通过循环遍历数组的每个元素，来实现计算和查询，使得程序更易于扩展和维护。

系统模块结构图如图 2-1 所示。

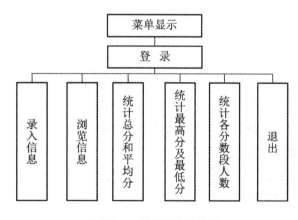

◆ 图2-1 系统模块结构图

系统各模块的功能说明如下：

(1) 菜单显示模块，实现学生成绩管理系统的功能显示及其调用。

(2) 登录模块，对用户输入的登录密码进行验证，并当验证通过后实现用户登录系统。

系统初始密码为 abc123。

　　(3) 录入信息模块，实现学生考试成绩的录入。(如录入第一个学生的学号为 1001，第二个学生的学号为 1002，以此类推，最多可以录入 30 个学生的信息，录入 -1 即终止录入。)

　　(4) 浏览信息模块，显示学生成绩。

　　(5) 统计总分和平均分模块，实现某门课程总分和平均分的统计，并显示统计结果。

　　(6) 统计最高分及最低分模块，实现某门课程最高分和最低分的统计，并显示统计结果。

　　(7) 统计各分数段人数模块，实现某门课程各分数段人数的统计。要求将百分制全部转化为优、良、中、及格和不及格 5 个等级，并显示相应的统计结果。

　　(8) 退出模块。

　　学生成绩管理系统主要是让学生灵活掌握函数、数组和指针等重要知识，并提升应用能力。因此其实现的功能相对简单，所处理的学生信息也不太全面，在学习结构体和文件内容之后，学生可以自行实现更完善、更实用的学生信息管理系统。

🔧 项目模块分解

学生成绩管理
系统解析

　　模块 4　使用数组实现学生成绩操作
　　模块 5　利用函数设计学生成绩管理系统整体框架结构
　　模块 6　使用指针实现学生成绩操作

模块 4　使用数组实现学生成绩操作

◆【学习目标】

- 掌握 C 语言中一维数组的定义、引用以及初始化；
- 掌握 C 语言中二维数组的定义、引用以及初始化；
- 掌握 C 语言中字符数组的定义、引用以及初始化；
- 掌握字符串的基本概念和使用；
- 了解 C 语言中数组元素的排序方法；
- 掌握冒泡排序法原理。

◆【模块描述】

　　使用基本数据类型 (整型、实型、字符型) 可以实现数据的存储和处理，但是在实际问题中将会面临大量的数据，如果仍用基本数据类型来进行处理的话，则会显得很不方便。因此在本模块中将定义一个整型一维数组 score 来存放学生成绩，并且定义一个符号常量 MAXSTU 作为数组的长度。

数组的访问有以下两种方法：

(1) 将该数组定义为全局变量，每个函数均可直接访问该数组。

(2) 将该数组定义为局部变量，利用实参和形参的数据传递，实现对学生成绩数据的访问。

在第 (1) 种方法中，函数之间的关联性较强，数据的安全性很难保证。因此，本模块采用第 (2) 种方法，在主函数中将整型数组 score 定义为一个局部变量，数组元素的下标对应学生的学号；再定义一个局部变量 stu_count，用于存放学生的实际人数 (即数组的实际长度)。在进行函数调用时，将数组 score 和数组实际长度 stu_count 作为实参，传递给其他函数的形参，从而实现对学生成绩数据的访问。

 【源代码参考】

```
/*================= 函数定义部分 =================*/
void login()                    // 登录函数
{
    char pwd[10]="abc123";
    char ch[10];
    int re;
    printf(" 请输入密码 :\n");
    gets(ch);
    re=strcmp(ch,pwd);
    if(re==0)
      puts(" 密码正确 , 登录成功 ");
    else
    {
    puts(" 密码不正确 , 请重新输入 :");
    login();
    }
}
void menu()                    // 主菜单函数
{
```

```
        system("cls");
        printf("\n\n");
        printf("\t\t**********************************\n");
        printf("\t\t    学生成绩管理系统                       \n");
        printf("\t\t**********************************\n");
        printf("\t\t    1- 录入学生成绩                     \n");
        printf("\t\t    2- 显示学生成绩                     \n");
        printf("\t\t    3- 统计总分和平均分                 \n");
        printf("\t\t    4- 统计最高分和最低分               \n");
        printf("\t\t    5- 统计各分数段人数                 \n");
        printf("\t\t    0- 退出                            \n");
        printf("\t\t**********************************\n");
}
int input(int  score[])                    // 输入学生成绩函数
{
        int i;
        printf("\n 输入学生成绩 ( 输入 -1 退出 )\n");
        for(i=0;i<MAXSTU;i++)
        {
             printf("\t 第 %d 个学生的成绩为 :",i+1);
            scanf("%d",score+i);
            if(*(score+i)==-1)
                 break;
        }
        return i;                            // 返回学生的实际人数
}
void output(int  score[],int n)
{
        int i;
        printf("\n\n 学生成绩 :");
        printf("\n 学号 \t\t 成绩 ");
        for(i=0;i<n;i++)
        {
             printf("\n%d\t\t%d",1001+i,score[i]);
        }
```

```
    }
    void SumAvg(int score[],int n)                    // 统计总分和平均分
    {
        int i,sum=0;
        float avg=0;
        for(i=0;i<n;i++)
        {
            sum+=score[i];
        }
        avg=(float)sum/n;
        printf("\n 总分为 %d, 平均分为 %.2f\n",sum,avg);
    }
    void MaxMin(int  score[],int n)                    // 统计最高分和最低分
    {
        int i,max=0,min=0;
        max=score[0];
        min=score[0];
        for(i=0;i<n;i++)
        {
            if(score[i]>max)
                max=score[i];
            if(score[i]<min)
                min=score[i];
        }
        printf("\n 最高分为 :%d, 最低分为 :%d\n",max,min);
    }
    void grade(int  score[],int n)                     // 统计各分数段的人数
    {
        int i;
        int grade1=0;
        int grade2=0;
        int grade3=0;
        int grade4=0;
        int grade5=0;
        for(i=0;i<n;i++)
```

```
    {
        switch(score[i]/10)
        {
            case 10:
            case 9:grade1++;break;
            case 8:grade2++;break;
            case 7:grade3++;break;
            case 6:grade4++;break;
            default:grade5++;break;
        }
    }
    printf("\n\n 等级为优的人数 :%d",grade1);
    printf("\n\n 等级为良的人数 :%d",grade2);
    printf("\n\n 等级为中的人数 :%d",grade3);
    printf("\n\n 等级为合格的人数 :%d",grade4);
    printf("\n\n 等级为不合格的人数 :%d",grade5);
}
```

【思政教育】

弘扬改革创新的时代精神　奋进新时代

新时代需要改革创新为其助力。如果没有改革创新精神的指引和鼓舞，面对当今社会日新月异的发展，就难以真正跟上时代前进的脚步。改革创新是新时代能够不断实现更高质量发展的重要引擎。在新中国成立 70 周年之际，诸多关于中国精神的思考与评论纷纷刊发，一篇名为《中国共产党人为中国精神增添了时代内涵》的文章，对中国精神和中国共产党的精神作出了正确而深刻的分析。该篇文章认为，改革创新的精神是最适合当下新时代建设的精神。因此当下更加需要党员干部弘扬改革创新的时代精神，奋进新时代。

什么是改革创新精神？改革创新精神就是指要敢于挑战的精神和敢于先验先试的开拓精神，这在革命战争年代依然是十分重要的。革命虽然有先进的思想理论作为指导，但是该如何进行革命，如何进行革命实践，这都是共产党领导人必须要思考的问题，因为这关系到革命的前途和命运。中国革命虽然在学习马克思主义思想的同时，不断吸收和借鉴他国的革命经验，但是并没有照搬、照抄，而是针对中国革命实践的特点，开创性地进行农村包围城市、武装夺取政权的崭新道路。正是这种创新性的革命实践，让中国革命走上了胜利的道路。没有改革创新，就没有今天的伟大成就。在新时代，改革创新的精神更加弥足珍贵、更加不可或缺。

弘扬改革创新精神，就必须要做到敢于攻坚克难。攻坚克难需要勇气，更需要智慧；攻坚克难并不是不加思考地"一味蛮干"，也不是如"鸡蛋碰石头"般地"乱撞"，而是必须要讲究方式方法，必须要进行深入分析研判。这就需要耐心和毅力，需要发挥聪明才智，需要不断地分析和尝试，才能够真正找到解决问题和困难的办法。

弘扬改革创新精神，要敢于先验先试。先验先试，就是要具有科学家的探索和冒险精神。这需要勇气，失败是成功之母，没有人能够随随便便成功，这都是成功的至理名言，用在新时代的干事创业中依然是千真万确的。各行各业、各个领域，要想真正实现突破，要打破原来的瓶颈和束缚，往往需要去大胆地尝试和试验，这当然会有失败，甚至有风险。但是，没有大胆地尝试，就根本没有成功的可能。因此，干事创业风险和困难永远是存在的，这就必须要弘扬伟大的改革创新精神，敢于先验先试。

"路漫漫其修远兮。"新时代的征程已经上路，但在前行的道路上依然充满各种风险和挑战，没有改革创新的精神和勇气，就难以真正有所作为。因此，弘扬伟大的改革创新精神，是改革发展新时代必不可少的素质。只有这样，才能够真正做出令人民满意的成绩。

【模块知识内容】

 　　4.1　数　　组

一维数组解析

4.1.1　数组的概念和定义

我们知道，要想把数据放入内存，必须要先为其分配内存空间。例如，要放入 4 个整数，就得分配 4 个 int 类型的内存空间，共 4×4=16 个字节，我们把这样的一组数据的集合称为数组 (Array)，并将其命名为 a。

它所包含的每一个数据叫做数组元素 (Element)，所包含的数据的个数称为数组长度 (Length)，例如 int a[4]; 就定义了一个长度为 4 的整型数组，名字是 a。

数组中的每个元素都有一个序号，该序号从 0 开始并称这个序号为下标 (index)。使用数组元素时需要指明下标，形式为：

```
arrayName[index];
```

arrayName 为数组名称，index 为下标。例如，a[0] 表示第 0 个元素，a[3] 表示第 3 个元素。

接下来我们把 4 个整数放入数组：

```
a[0]=20;
a[1]=345;
a[2]=700;
a[3]=22;
```

这里的 0、1、2、3 就是数组下标，a[0]、a[1]、a[2]、a[3] 就是数组元素。

实例 4-1-1：一维数组的赋值 1。

在学习过程中，我们经常会使用循环结构将数据放入数组中 (也就是为数组元素逐个赋值)，然后再使用循环结构输出 (也就是依次读取数组元素的值)。下面我们就来演示一下如何将 1 ~ 10 这十个数字放入数组中：

```
01  #include <stdio.h>
02  int main(){
03      int nums[10];
04      int i;
05      // 将 1 ~ 10 放入数组中
06      for(i=0; i<10; i++){
07          nums[i] = (i+1);
08      }
09      // 依次输出数组元素
10      for(i=0; i<10; i++){
11          printf("%d", nums[i]);
12      }
13      return 0;
14  }
```

程序运行结果如图 4-1-1 所示。

C:\Users\jackzhoujunjie\Documents\Visual Studio 2010\P

1 2 3 4 5 6 7 8 9 10 请按任意键继续. . .

◆ 图 4-1-1   实例 4-1-1 运行结果

变量 i 既是数组下标，也是循环条件；将数组下标作为循环条件，达到最后一个元素时就结束循环。数组 nums 的最大下标是 9，也就是不能超过 10，所以我们规定循环的条件是 i<10，一旦 i 达到 10 就得结束循环。

实例 4-1-2：一维数组的赋值 2。

更改上面的代码，由键盘输入 10 个数字并放入数组中：

```
01 #include <stdio.h>
02 int main(){
03   int nums[10];
04   int i;
05   // 从控制台读取用户输入
06   for(i=0; i<10; i++){
07     scanf("%d", &nums[i]);           //注意取地址符 &
08   }
09   // 依次输出数组元素
10   for(i=0; i<10; i++){
11     printf("%d", nums[i]);
12   }
13   return 0;
14 }
```

程序运行结果如图 4-1-2 所示。

◆ 图 4-1-2　实例 4-1-2 运行结果

在第 7 行代码中，当 scanf 函数读取数据时需要一个地址（地址用来指明数据的存储位置），而 nums[i] 表示一个具体的数组元素，所以我们要在前边加 & 来获取地址。

最后来总结一下，数组的定义方式为：

dataType　arrayName[length];

dataType 为数据类型，arrayName 为数组名称，length 为数组长度。例如：

float m[12];　　　// 定义一个长度为 12 的浮点型数组
char ch[9];　　　// 定义一个长度为 9 的字符型数组

　　需要注意的是：

　　(1) 数组中每个元素的数据类型必须相同，对于 int a[4]，每个元素都必须为 int。

　　(2) 数组长度 length 最好是整数或者常量表达式，例如 10、20*4 等，只有这样才能在所有 C 语言编译器下都能被编译通过。如果 length 中包含了变量，例如 n、4*m 等，在某些 C 语言编译器下就会报错。

　　(3) 访问数组元素时，数组下标的取值范围为 0 ≤ index < length，如果其值过大或过小，则就会越界，导致数组溢出，发生不可预测的情况。

4.1.2 数组元素在内存中是连续存放的

数组是一个整体，其元素在内存中是连续存放的。也就是说，数组元素之间是相互挨着的，彼此之间没有一点点缝隙。图 4-1-3 所示为数组 int a[4] 在内存中的存储映射：

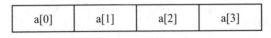

◆ 图 4-1-3 数组元素的存储映射

连续的内存为指针操作 (通过指针来访问数组元素) 和内存处理 (整块内存的复制、写入等) 提供了便利，这使得数组可以作为缓存 (临时存储数据的一块内存) 使用。

4.1.3 一维数组的初始化

实例 4-1-1 的代码是先定义数组再给数组赋值，我们也可以在定义数组的同时就给数组赋值，数组元素的值由 { } 包围，各个值之间以 "," 分隔。

对于数组的初始化需要注意以下几点：

(1) 可以只给部分元素赋值。当 { } 中值的个数少于元素个数时，只给前面部分元素赋值。例如：

```
int a[10]={12, 19, 22 , 993, 344};
```

上述语句表示只给 a[0] ～ a[4] 5 个元素赋值，而后面 5 个元素则被自动初始化为 0。
对于不同数据类型的自动初始化 0 值，其不同的表现形式如下：

① 对于 short、int、long 数据类型，其被自动初始化为 0 值，就是整数 0；

② 对于 char 数据类型，其被自动初始化为 0 值，就是字符 '\0';

③ 对于 float、double 数据类型，其被自动初始化为 0 值，就是小数 0.0。

我们可以通过下面的形式将数组的所有元素初始化为 0：

```
int nums[10] = {0};
char str[10] = {0};
float scores[10] = {0.0};
```

由于剩余的元素会被自动初始化为 0，所以只需要给第 0 个元素赋 0 值即可。

(2) 只能给数组元素逐个赋值，不能给数组整体赋值。例如给 10 个元素全部赋值为 1，只能写作：

```
int a[10] = {1, 1, 1, 1, 1, 1, 1, 1, 1, 1};
```

而不能写作：

```
int a[10] = 1;
```

(3) 若给全部元素赋值，那么在定义数组时可以不给出数组长度。例如：

```
int a[] = {1, 2, 3, 4, 5};
```

等价于

```
int a[5] = {1, 2, 3, 4, 5};
```

实例 4-1-3： 数组输出矩阵。

我们借助数组来输出一个 4×4 的矩阵：

```
01  #include <stdio.h>
02  int main()
03  {
04      int a[4] = {20, 345, 700, 22};
05      int b[4] = {56720, 9999, 20098, 2};
06      int c[4] = {233, 205, 1, 6666};
07      int d[4] = {34, 0, 23, 23006783};
08      printf("%-9d %-9d %-9d %-9d\n", a[0], a[1], a[2], a[3]);
09      printf("%-9d %-9d %-9d %-9d\n", b[0], b[1], b[2], b[3]);
10      printf("%-9d %-9d %-9d %-9d\n", c[0], c[1], c[2], c[3]);
11      printf("%-9d %-9d %-9d %-9d\n", d[0], d[1], d[2], d[3]);
12      return 0;
13  }
```

程序运行结果如图 4-1-4 所示。

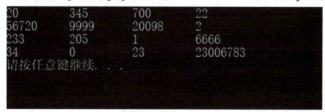

◆ 图 4-1-4　实例 4-1-3 运行结果

 4.2　二 维 数 组

二维数组解析

4.2.1　二维数组的定义

上节介绍的数组是一行连续的数据，只有一个下标，被称为一维数组。在实际问题中有很多数据是二维的或是多维的，因此 C 语言允许构造多维数组。多维数组元素有多个下标，以确定它在数组中的位置。本模块只介绍二维数组，多维数组可由二维数组类推而得到。

二维数组定义的一般形式为：

dataType arrayName[length1][length2];

其中，dataType 为数据类型，arrayName 为数组名，length1 为数组第一维下标的长度，length2 为数组第二维下标的长度。

我们可以将二维数组看做一个 Excel 表格，该表格具有行和列，length1 表示行数，length2 表示列数，可见要在二维数组中定位某个元素，必须同时指明行和列。例如：

int a[3][4];

定义一个 3 行 4 列的二维数组，共有 3×4=12 个元素，数组名为 a，即

a[0][0], a[0][1], a[0][2], a[0][3]

a[1][0], a[1][1], a[1][2], a[1][3]

a[2][0], a[2][1], a[2][2], a[2][3]

如果想表示第 2 行第 1 列的元素，应该写作 a[1][0]。

也可以将二维数组看成一个坐标系，有 x 轴和 y 轴，要想在一个平面中确定一个点，必须同时明确 x 轴和 y 轴的坐标值。

二维数组在概念上是二维的，但在内存中是连续存放的。换句话说，二维数组的各个元素是相互挨着的，彼此之间没有缝隙。那么，如何在线性内存中存放二维数组呢？二维数组有以下两种存放方式：

(1) 一种是按行排列，即先存放二维数组的第一行元素，之后再存放其第二行元素。

(2) 另一种是按列排列，即先存放二维数组的第一列元素，之后再存放其第二列元素。

在 C 语言中，二维数组在内存中的存放是按行排列的。也就是先存放二维数组的 a[0] 行元素，再存放其 a[1] 行元素，最后存放其 a[2] 行元素；每行中的 4 个元素也是依次存放的。数组 a 为 int 类型，其每个元素占用 4 个字节，整个数组共占用 4×(3×4)=48 个字节。

也可以认为：二维数组是由多个长度相同的一维数组构成的。

实例 4-2-1：统计学生成绩。

一个学习小组有 5 个人，每个人有 3 门课程的考试成绩，求该小组各科的平均分和总平均分，如图 4-2-1 所示。

--	Math	C	English
张涛	80	75	92
王正华	61	65	71
李丽丽	59	63	70
赵圈圈	85	87	90
周梦真	76	77	85

◆ 图 4-2-1 学生成绩信息

对于该题目，可以定义一个二维数组 a[5][3]，用来存放 5 个人 3 门课程的成绩，定义一个一维数组 v[3]，用来存放各科平均分，再定义一个变量 average，用来存放总平均分。编程如下：

```
01  #include <stdio.h>
02  int main(){
03      int i, j;                         // 二维数组下标
04      int sum = 0;                      // 当前科目的总成绩
05      int average;                      // 总平均分
06      int v[3];                         // 各科平均分
07      int a[5][3];                      // 用来保存每个同学各科成绩的二维数组
08      printf("Input score:\n");
09      for(i=0; i<3; i++){
10      for(j=0; j<5; j++){
11          scanf("%d", &a[j][i]);        // 输入每个同学的各科成绩
12          sum += a[j][i];               // 计算当前科目的总成绩
13      }
14      v[i]=sum/5;                       // 当前科目的平均分
15      sum=0;
16          }
17      average = (v[0] + v[1] + v[2]) / 3;
18      printf("Math: %d\nC Languag: %d\nEnglish: %d\n", v[0], v[1], v[2]);
19      printf("Total: %d\n", average);
20      return 0;
21          }
```

程序运行结果如图 4-2-2 所示。

◆ 图 4-2-2 实例 4-2-1 运行结果

程序使用了一个循环嵌套来读取所有学生所有科目的成绩。在内层循环中依次读入某一门课程的各个学生的成绩，并把这些成绩累加起来，退出内层循环 (进入外层循环)

后再把该累加成绩除以 5 送入 v[i] 中，这就是该门课程的平均分。外层循环共循环 3 次，分别求出 3 门课程各自的平均成绩并存放在数组 v 中。所有循环结束后，将 v[0]、v[1]、v[2] 相加除以 3 就可以得到总平均分。

4.2.2　二维数组的初始化

二维数组的初始化可以按行分段赋值，也可按行连续赋值。

例如，对于数组 a[5][3]，按行分段赋值应该写作：

int a[5][3]={ {80,75,92}, {61,65,71}, {59,63,70}, {85,87,90}, {76,77,85} };

按行连续赋值应该写作：

int a[5][3]={80, 75, 92, 61, 65, 71, 59, 63, 70, 85, 87, 90, 76, 77, 85};

这两种赋初值的结果是完全相同的。

实例 4-2-2：用二维数组统计学生成绩。

实例 4-2-2 和实例 4-2-1 类似，依然是求各科的平均分和总平均分，不过本例要求在初始化数组的同时直接给出成绩。

```
01  #include <stdio.h>
02  int main(){
03      int i, j;                    // 二维数组下标
04      int sum = 0;                 // 当前科目的总成绩
05      int average;                 // 总平均分
06      int v[3];                    // 各科平均分
07      int a[5][3] = {{80,75,92}, {61,65,71}, {59,63,70}, {85,87,90}, {76,77,85}};
09      for(i=0; i<3; i++){
10          for(j=0; j<5; j++){
11              sum += a[j][i];      // 计算当前科目的总成绩
12                  }
13          v[i] = sum / 5;          // 当前科目的平均分
14          sum = 0;
15              }
16      average = (v[0] + v[1] + v[2]) / 3;
17      printf("Math: %d\nC Languag: %d\nEnglish: %d\n", v[0], v[1], v[2]);
18      printf("Total: %d\n", average);
19      return 0;
20          }
```

程序运行结果如图 4-2-3 所示。

◆ 图 4-2-3 实例 4-2-2 运行结果

对于二维数组的初始化还要注意以下几点：

(1) 可以只对部分元素赋值，未赋值的元素自动取"零"值。例如：

```
int a[3][3] = {{1}, {2}, {3}};
```

上述赋值语句是对二维数组每一行的第一列元素赋值，其余未被赋值的元素的值为 0。赋值后各元素的值为：

```
1 0 0
2 0 0
3 0 0
```

(2) 如果对二维数组的全部元素赋值，那么其第一维的长度可以不给出。例如：

```
int a[3][3] = {1, 2, 3, 4, 5, 6, 7, 8, 9};
```

可以写为：

```
int a[][3] = {1, 2, 3, 4, 5, 6, 7, 8, 9};
```

(3) 二维数组可以看作是由一维数组嵌套而成的。如果一个数组的每个元素又是一个数组，那么它就是一个二维数组，当然，前提是各个元素的类型必须相同。根据这样的分析，一个二维数组也可以分解为多个一维数组，C 语言允许这种分解。

例如，二维数组 a[3][4] 可分解为 3 个一维数组，它们的数组名分别为 a[0]、a[1]、a[2]。

这 3 个一维数组可以被直接拿来使用，且都有 4 个元素，比如，一维数组 a[0] 的元素为 a[0][0]、a[0][1]、a[0][2]、a[0][3]。

 # 4.3 字 符 数 组

字符数组解析

4.3.1 字符数组的定义和赋值

用来存放字符的数组被称为字符数组，例如：

```
char a[10];              // 一维字符数组
char b[5][10];           // 二维字符数组
// 给部分数组元素赋值
char c[20]={'c', ' ', 'p', 'r', 'o', 'g', 'r', 'a','m'};
// 对全体元素赋值时可以省去长度
char d[]={'c', ' ', 'p', 'r', 'o', 'g', 'r', 'a', 'm' };
```

字符数组实际上是一系列字符的集合，也就是字符串 (String)。在 C 语言中，没有专门的字符串变量，没有 string 类型，因此通常就用一个字符数组来存放一个字符串。

C 语言规定，可以将字符串直接赋值给字符数组，例如：

```
char str[30] = {"c.biancheng.net"};
char str[30] = "c.biancheng.net";        // 这种形式更加简洁，在实际开发中更加常用
```

该数组第 1 个元素为"c"，第 2 个元素为"."，第 3 个元素为"b"，后面的元素以此类推。

为了方便，也可以不指定数组长度，从而写作：

```
char str[] = {"c.biancheng.net"};
char str[] = "c.biancheng.net";          // 这种形式更加简洁，在实际开发中更加常用
```

给字符数组赋值时，我们通常使用以上这种方法，将字符串一次性地赋值 (可以指明数组长度，也可以不指明)，而不是一个字符一个字符地赋值，那样做太麻烦了。

这里需要留意一个细节，字符数组只有在定义时才能将整个字符串一次性地赋值给它，一旦定义完了，就只能一个字符一个字符地赋值了。请看下面的例子：

```
char str[7];
str = "abc123";          // 错误
// 正确
str[0] = 'a'; str[1] = 'b'; str[2] = 'c';
str[3] = '1'; str[4] = '2'; str[5] = '3';
```

4.3.2　字符串结束标志

字符串解析

由于字符串是一系列连续的字符的组合，因此要想在内存中定位一个字符串，除了要知道它的开头，还要知道它的结尾。找到字符串的开头很容易，只要知道它的名字 (字符数组名或者字符串名) 就可以；然而，如何找到字符串的结尾呢？ C 语言的解决方案有点奇妙。

在 C 语言中，字符串总是以 '\0' 作为结尾，所以 '\0' 也被称为字符串结束标志，或者

字符串结束符。

注意：字符 '\0' 在 ASCII 码表中的编码值是 0，其英文被称为 NULL，中文被称为"空字符"。该字符既不能显示，也没有控制功能，输出该字符不会有任何效果，它在 C 语言中唯一的作用就是作为字符串结束的标志。

C 语言在处理字符串时，会从前往后逐个扫描字符，一旦遇到 '\0' 就认为到达了字符串的末尾，则结束处理。'\0' 在 C 语言的字符串处理中是至关重要的，如果没有 '\0' 就意味着永远也到达不了字符串的末尾。

由 " " 包围的字符串会自动在其末尾添加 '\0'。例如，"abc123" 从表面看起来只包含了6 个字符，其实不然，C 语言会在最后隐式地添加一个 '\0'，这个过程是在后台默默地进行的，所以我们感受不到。

字符串 "C program" 在内存中的存储情形，如图 4-3-1 所示。

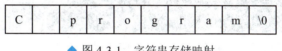

◆ 图 4-3-1　字符串存储映射

需要注意的是，逐个字符地给数组赋值并不会在字符串的末尾自动添加 '\0'，例如：
数组 str 的长度为 3，而不是 4，因为最后没有 '\0'。

```
char str[] = {'a', 'b', 'c'};
```

当用字符数组存储字符串时，要特别注意的是要为 '\0' 留个位置。这意味着，字符数组的长度至少要比字符串的长度大 1。请看下面的例子：

```
char str[7] = "abc123";
```

"abc123" 看起来只包含了 6 个字符，我们却将 str 的长度定义为 7，就是为了能够容纳最后的 '\0'。如果将 str 的长度定义为 6，它就无法容纳 '\0' 了。

注意：当字符串长度大于数组长度时，有些版本较老或者不严格的编译器并不会报错，甚至连警告都没有，这就为程序运行的结果出现错误埋下了隐患，编程时，应多加注意这一问题。

有些时候，程序的逻辑要求我们必须逐个字符地为数组赋值，这样往往很容易遗忘字符串结束标志 '\0'，所以一定要记得在字符串赋值的最后加上 '\0'。

实例 4-3-1：将 26 个大写英文字母存入字符数组 1(无结束标志 '\0')。

下面的代码中，我们将 26 个大写英文字符存入字符数组，并以字符串的形式输出：

```
01  #include <stdio.h>
02  int main(){
03      char str[30];
04      char c;
```

```
05    int i;
06    for(c=65,i=0; c<=90; c++,i++)
07      str[i] = c;
08    printf("%s\n", str);
09    return 0;
10        }
```

程序运行结果如图 4-3-2 所示。

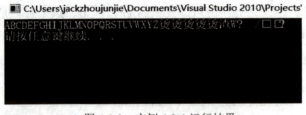

◆ 图 4-3-2   实例 4-3-1 运行结果

其中 "Z" 后面的是随机显示的字符。

由于大写字母在 ASCII 码表中是连续排列的，编码值为 65 ～ 90，所以使用循环语句对其赋值非常方便。

在函数内部定义的变量、数组、结构体、共用体等都被称为局部数据。在很多编译器下，局部数据的初始值都是随机的、无意义的，而不是我们通常认为的"零"值。这一点非常重要，大家一定要谨记，否则后面会遇到很多奇怪的错误。

上例中的 str 数组在被定义后并没有被立即初始化，所以它所包含的元素的值都是随机的，只有很小的概率会是"零"值。在赋值循环结束以后，str 的前 26 个元素被赋值了，剩下的 4 个元素的值依然是随机的。

Printf 函数在输出字符串时，会从第 0 个元素开始往后检索，直到遇见 '\0' 才停止，然后把 '\0' 前面的字符全部输出，这就是 printf 函数输出字符串的原理。本例中我们使用 printf 函数输出 str，按理说输出到第 27 个元素就能检索到 '\0'，就到达了字符串的末尾，然而事实却不是这样，由于我们并未对最后 4 个元素赋值，所以第 27 个元素不是 '\0'，第 28 个也不是，第 29 个也不是……可能到了第 50 个元素才遇到 '\0'，因此 printf 函数会把这 50 个字符全部输出。如图 4-3-2 所示，多出来的字符毫无意义，甚至是乱码。

数组总共才 30 个元素，到了第 50 个元素不早就超出数组范围了吗？是的，的确超出范围了！然而，数组后面依然有其他的数据，printf 函数也会将这些数据作为字符串输出。

所以，不注意 '\0' 的后果是很严重的，不但不能正确处理字符串，甚至还会毁坏其他数据。

其实要想避免这些问题也很容易，那就是在字符串的最后手动添加 '\0' 即可。

实例 4-3-2：将 26 个大写英文字母存入字符数组 2（ 有结束标志 '\0'）。

修改实例 4-3-1 的代码，在赋值循环结束后添加 '\0'，代码如下：

```
01 #include <stdio.h>
02 int main(){
03    char str[30];
04    char c;
05    int i;
06    for(c=65,i=0; c<=90; c++,i++)
07       str[i] = c;
08    str[i] = 0;                    // 此处为添加的代码，也可以写作 str[i] = '\0'
09    printf("%s\n", str);
10    return 0;
11 }
```

程序运行结果如图 4-3-3 所示。

◆ 图 4-3-3　实例 4-3-2 运行结果

上述代码中第 8 行为新添加的代码，其作用是使字符串能够正常结束。

但是，这样的写法貌似有点业余，或者说不够简洁，更加专业的写法是将数组的所有元素都初始化为"零"值，这样才能够从根本上避免问题的出现。再次修改上面的代码，程序运行结果和图 4-3-3 一致，修改后的代码如下：

```
01 #include <stdio.h>
02 int main(){
03 char str[30] = {0};          // 将所有元素都初始化为 0，或者说 '\0'
04    char c;
05    int i;
06    for(c=65,i=0; c<=90; c++,i++)
07       str[i] = c;
08    printf("%s\n", str);
09    return 0;
10 }
```

4.3.3　字符串长度

所谓字符串长度，就是字符串包含了多少个字符 (不包括最后的结束符 '\0')。例如

"abc" 的长度是 3，而不是 4。

在 C 语言中，我们使用 string.h 头文件中的 strlen 函数来求字符串的长度，其用法为：

```
length=strlen(strname);
```

strname 是字符串的名字，或者字符数组的名字。length 是使用 strlen 函数后得到的字符串长度，是一个整数。

实例 4–3–3：输出网址长度。

下面是一个完整的例子，它输出某学习网址的长度：

```
01  #include <stdio.h>
02  #include <string.h>          // 记得引入该头文件
03  int main(){
04    char str[] = "http://c.biancheng.net/c/";
05    long len = strlen(str);
06    printf("The lenth of the string is %ld.\n", len);
07    return 0;
08  }
```

程序运行结果如图 4-3-4 所示。

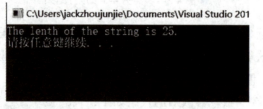

◆图 4-3-4 实例 4-3-3 运行结果

4.3.4 字符串的输入和输出

在前面的章节中我们已经提到了如何输入和输出字符串，但是那个时候我们还没有介绍字符串，大家理解得可能还不够透彻，所以本节我们将对字符串的输入和输出相关知识做进一步深入和细化的讲解。

1. 字符串的输出

在 C 语言中，有两个函数可以在控制台 (显示器) 上输出字符串，它们分别是：

(1) puts 函数：输出字符串并自动换行，该函数只能输出字符串。

(2) printf 函数：通过格式控制符 %s 输出字符串，不能进行自动换行。除了字符串，printf 函数还能输出其他类型的数据。

这两个函数相信大家已经非常熟悉了，再演示一下，请看下面的代码：

实例 4–3–4：输出字符串。

```
01  #include <stdio.h>
02  int main(){
03    char str[] = "http://c.biancheng.net";
04    printf("%s\n", str);                          // 通过字符串名字输出
05    printf("%s\n", "http://c.biancheng.net");     // 直接输出
06    puts(str);                                    // 通过字符串名字输出
07    puts("http://c.biancheng.net");               // 直接输出
08    return 0;
09    }
```

程序运行结果如图 4-3-5 所示。

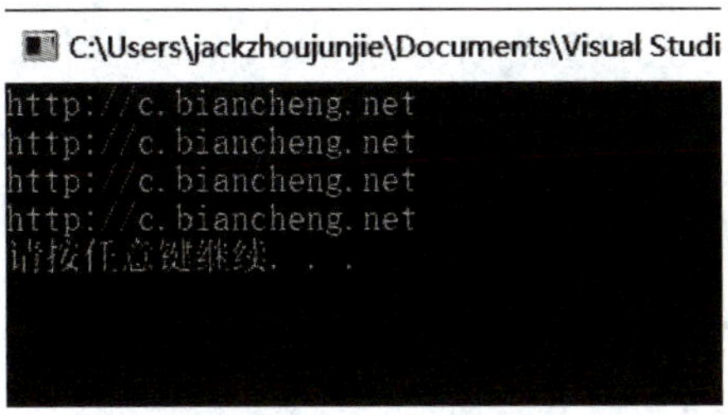

◆ 图 4-3-5　实例 4-3-4 运行结果

注意，输出字符串时只需要给出名字，不能带后边的 []，例如，下面的两种写法都是错误的：

```
printf("%s\n", str[]);
puts(str[10]);
```

2. 字符串的输入

在 C 语言中，有两个函数可以让用户从键盘上输入字符串，它们分别是：

(1) scanf 函数：通过格式控制符 %s 输入字符串。除了字符串，scanf 函数还能输入其他类型的数据。

(2) gets 函数：直接输入字符串，并且只能输入字符串。

> scanf 函数和 gets 函数的区别：
>
> scanf 函数读取字符串时以空格为分隔符，遇到空格就认为当前字符串结束了，所以无法读取含有空格的字符串。
>
> gets 函数认为空格也是字符串的一部分，只有遇到回车键时才认为字符串输入结束，所以，不管输入了多少个空格，只要不按下回车键，对 gets 函数来说就是一个完整的字符串。换句话说，gets 函数可以用来读取一整行字符串。

请看下面的例子：

实例 4-3-5：字符串输入。

```
01  #include <stdio.h>
02  int main(){
03    char str1[30] = {0};
04    char str2[30] = {0};
05    char str3[30] = {0};
06    //gets() 用法
07    printf("Input a string: ");
08    gets(str1);
09    //scanf() 用法
10    printf("Input a string: ");
11    scanf("%s", str2);
12    scanf("%s", str3);
13    printf("\nstr1: %s\n", str1);
14    printf("str2: %s\n", str2);
15    printf("str3: %s\n", str3);
16    return 0;
17    }
```

程序运行结果如图 4-3-6 所示。

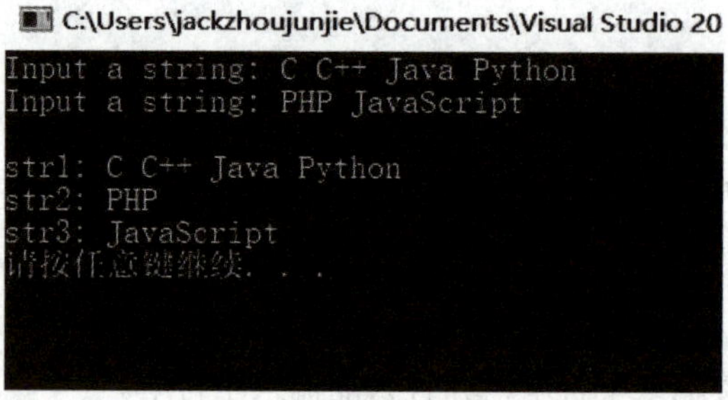

◆ 图 4-3-6   实例 4-3-5 运行结果

在上例中，第一次输入的字符串被 gets 函数全部读取，并存入 str1 中。第二次输入的字符串，前半部分被第一个 scanf 函数读取并存入 str2 中，后半部分被第二个 scanf 函数读取并存入 str3 中。

注意：scanf 函数在读取数据时需要的是数据的地址，这一点是恒定不变的，但是在本段代码中，我们只给出了字符串的名字，却没有在前边添加 &，这是为什么呢？因为字符串名字或者数组名字在使用的过程中一般都会被转换为地址，所以如果再添加 & 就是多此一举，甚至会导致出现错误。

就目前学到的知识而言，int、char、float 等类型的变量用于 scanf 函数时，都要在前面添加 &，而数组或者字符串用于 scanf 函数时不需要添加 &，读者一定要谨记这一点。

以上是 scanf 函数和 gets 函数的一般用法，很多教材也是这样讲解的，所以大部分初学者都认为 scanf 函数不能读取包含空格的字符串，不能替代 gets 函数。其实不然，scanf 函数的用法还可以更加复杂和灵活，它不但可以完全替代 gets 函数读取一整行字符串，而且比 gets 函数的功能更加强大。比如，以下功能都是 gets 函数不具备的：

scanf 函数可以控制读取字符的数量；

scanf 函数可以只读取指定的字符；

scanf 函数可以不读取某些字符；

scanf 函数可以把读取到的字符丢弃。

字符串处理
函数解析

4.4 字符串处理函数

C 语言提供了丰富的字符串处理函数，可以对字符串进行输入、输出、合并、修改、比较、转换、复制、搜索等操作，使用这些字符串处理函数可以大大减轻我们的编程负担。

用于输入和输出的字符串函数，例如 printf、puts、scanf、gets 等，使用时要包含头文件 stdio.h，而使用其他字符串函数则要包含头文件 string.h。string.h 是一个专门用来处理字符串的头文件，它包含了很多字符串处理函数。

4.4.1 字符串连接函数 strcat

strcat 是 string catenate 的缩写，意思是把两个字符串拼接在一起，其语法格式为：

```
strcat(arrayName1, arrayName2);
```

arrayName1、arrayName2 为需要拼接的字符串。

strcat 函数将把 arrayName2 连接到 arrayName1 后面，并删除原来 arrayName1 最后的结束标志 '\0'。这意味着 arrayName1 必须足够长，要能够同时容纳 arrayName1 和 arrayName2，否则会越界 (超出范围)。

strcat 函数的返回值为 arrayName1 的地址。

实例 4-4-1：字符串连接。

下面是一个简单的演示：

```
01  #include <stdio.h>
02  #include <string.h>
03  int main(){
04    char str1[100]="The URL is ";
05    char str2[60];
06    printf("Input a URL: ");
```

```
07   gets(str2);
08   strcat(str1, str2);
09   puts(str1);
10   return 0;
11   }
```

程序运行结果如图 4-4-1 所示。

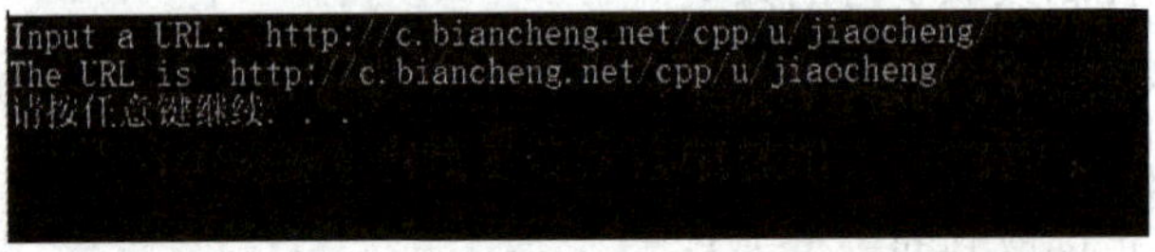

◆ 图 4-4-1　实例 4-4-1 运行结果

4.4.2　字符串复制函数 strcpy

strcpy 是 string copy 的缩写，意思是字符串复制，即将字符串从一个地方复制到另外一个地方，语法格式为：

```
strcpy(arrayName1, arrayName2);
```

strcpy 函数会把 arrayName2 中的字符串拷贝到 arrayName1 中，并将其中的字符串结束标志 '\0' 也一同拷贝，同时字符串 arrayName1 中原来的内容就被覆盖掉了。请看下面的例子：

实例 4-4-2：字符串复制。

```
01 #include <stdio.h>
02 #include <string.h>
03 int main(){
04   char str1[50] = "《C 语言变怪兽》";
05   char str2[50] = "http://c.biancheng.net/cpp/u/jiaocheng/";
06   strcpy(str1, str2);
07   printf("str1: %s\n", str1);
08   return 0;
09   }
```

程序运行结果如图 4-4-2 所示。

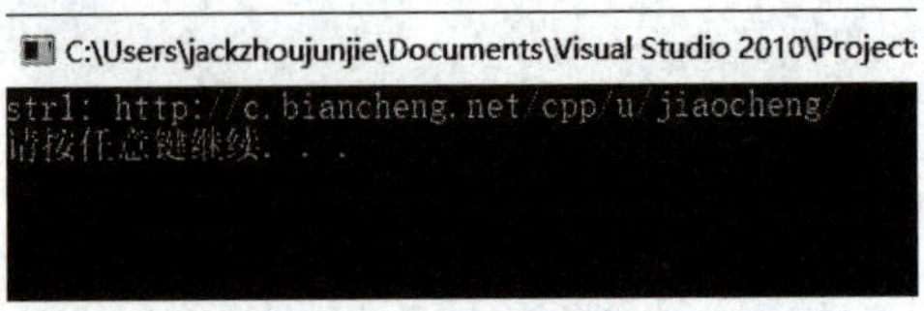

◆ 图 4-4-2　实例 4-4-2 运行结果

将 str2 复制到 str1 后，str1 中原来的内容就被覆盖掉了。

另外，strcpy 函数要求 arrayName1 要有足够的长度，否则不能全部装入所拷贝的字符串。

4.4.3　字符串比较函数 strcmp

strcmp 是 string compare 的缩写，意思是字符串比较，语法格式为：

```
strcmp(arrayName1, arrayName2);
```

arrayName1 和 arrayName2 是需要被比较的两个字符串。

字符本身没有大小之分，strcmp 函数以各个字符对应的 ASCII 码值进行比较。strcmp 函数从两个字符串的第 0 个字符开始比较，如果它们相等，就继续比较下一个字符，直到遇见不同的字符，或者到字符串的末尾。

返回值：若 arrayName1 和 arrayName2 相同，则返回 0；若 arrayName1 大于 arrayName2，则返回大于 0 的值；若 arrayName1 小于 arrayName2，则返回小于 0 的值。

以下实例将对 4 组字符串进行比较：

实例 4-4-3：字符串比较。

```
01  #include <stdio.h>
02  #include <string.h>
03  int main(){
04    char a[] = "aBcDeF";
05    char b[] = "AbCdEf";
06    char c[] = "aacdef";
07    char d[] = "aBcDeF";
08    printf("a VS b: %d\n", strcmp(a, b));
09    printf("a VS c: %d\n", strcmp(a, c));
10    printf("a VS d: %d\n", strcmp(a, d));
11    return 0;
12    }
```

程序运行结果如图 4-4-3 所示。

◆ 图 4-4-3　实例 4-4-3 运行结果

4.5　数组中的排序

在实际开发中，有很多场景需要我们将数组元素按照从大到小 (或者从小到大) 的顺序排列，这样在查阅数据时会更加直观。例如：

(1) 一个保存了班级学号的数组，排序后更容易区分学生成绩的高低；

(2) 一个保存了商品单价的数组，排序后更容易看出它们的性价比。

对数组元素进行排序的方法有很多种，比如冒泡排序、归并排序、选择排序、插入排序、快速排序等，其中最经典、最需要掌握的是冒泡排序。

冒泡排序法解析

4.5.1　冒泡排序法的定义

以从小到大排序为例，冒泡排序的整体思想是这样的：

从数组头部开始，不断比较相邻的两个元素的大小，让较大的元素逐渐往后移动 (交换两个元素的值)，直到数组的末尾。经过第一轮的比较，就可以找到最大的元素，并将它移动到最后一个位置。

第一轮比较结束后，继续进行第二轮比较。仍然从数组头部开始比较，让较大的元素逐渐往后移动，直到数组的倒数第二个元素为止。经过第二轮的比较，就可以找到次大的元素，并将它放到倒数第二个位置。

以此类推，进行 n-1(n 为数组长度) 轮 "冒泡" 后，就可以将所有的元素都排列好。

整个排序过程就好像气泡不断从水里冒出来，最大的先出来，次大的第二出来，最小的最后出来，所以将这种排序方式称为冒泡排序 (Bubble Sort)。

下面我们以 "3 2 4 1" 为例对冒泡排序进行说明。

第一轮，排序过程如下：

3 2 4 1 （最初）

2 3 4 1 （比较 3 和 2，交换）

2 3 4 1 （比较 3 和 4，不交换）

2 3 1 4 （比较 4 和 1，交换）

第一轮排序结束，最大的数字 4 已经被排列在最后面了，因此第二轮排序只需要对前面 3 个数进行比较。

第二轮，排序过程如下：

2 3 1 4 （第一轮排序结果）

2 3 1 4 （比较 2 和 3，不交换）

2 1 3 4 （比较 3 和 1，交换）

第二轮排序结束，次大的数字 3 已经排在倒数第二的位置，所以第三轮只需要比较前两个元素。

第三轮 排序过程如下：

2 1 3 4（第二轮排序结果）

1 2 3 4（比较 2 和 1，交换）

至此，排序结束。

4.5.2 算法总结及实现

对拥有 n 个元素的数组 R[n] 进行 n-1 轮比较。

第一轮，逐个比较 (R[1], R[2]), (R[2], R[3]), (R[3], R[4]), …, (R[n-1], R[n])，最大的元素被移动到 R[n] 上。

第二轮，逐个比较 (R[1], R[2]), (R[2], R[3]), (R[3], R[4]), …, (R[n-2], R[n-1])，次大的元素被移动到 R[n-1] 上。

以此类推，直到整个数组从小到大排序完成。

具体的代码实现如下所示：

```
01  #include <stdio.h>
02  int main(){
03   int nums[10] = {4, 5, 2, 10, 7, 1, 8, 3, 6, 9};
04   int i, j, temp;
05   // 冒泡排序算法：进行 n-1 轮比较
06   for(i=0; i<10-1; i++)
07   // 每一轮比较前 n-1-i 个，也就是说，已经排序好的最后 i 个不用比较
08     for(j=0; j<10-1-i; j++)
09       if(nums[j] > nums[j+1]){
10         temp = nums[j];
11         nums[j] = nums[j+1];
12         nums[j+1] = temp;
13       }
14   // 输出排序后的数组
15   for(i=0; i<10; i++){
16     printf("%d", nums[i]);
17   }
18   printf("\n");
19   return 0;
20  }
```

程序运行结果如图 4-5-1 所示。

◆ 图 4-5-1　冒泡排序法实现

4.5.3　优化算法

上面的算法中有一点是可以优化的：当比较到第 i 轮的时候，如果剩下的元素已经排序好了，那么就不用再继续比较了，跳出循环即可，这样就减少了比较的次数，提高了执行效率。

未经优化的算法一定会进行 n-1 轮比较，经过优化的算法最多进行 n-1 轮比较。优化后的算法实现如下所示：

```
01  #include <stdio.h>
02  int main(){
03    int nums[10] = {4, 5, 2, 10, 7, 1, 8, 3, 6, 9};
04    int i, j, temp, isSorted;
05    // 优化算法：最多进行 n-1 轮比较
06    for(i=0; i<10-1; i++){
07      isSorted = 1;                   // 假设剩下的元素已经排序好了
08      for(j=0; j<10-1-i; j++)
09        if(nums[j] > nums[j+1]){
10          temp = nums[j];
11          nums[j] = nums[j+1];
12          nums[j+1] = temp;
13  // 一旦需要交换数组元素，就说明剩下的元素还没有排好序
14          isSorted = 0;
15        }
16      if(isSorted)  break;            // 如果没有发生交换，说明剩下的元素已经排序好了
17    }
18    for(i=0; i<10; i++)
19      printf("%d ", nums[i]);
20    printf("\n");
21    return 0;
22  }
```

程序运行结果和图 4-5-1 一致。其中，额外设置了一个变量 isSorted，用它作为是否排序好了的标志，其值为"真"表示剩下的元素已经排序好了，其值为"假"表示剩下的元素还未排序好。

每一轮比较之前，我们预先假设剩下的元素已经排序好了，并将变量 isSorted 的值设置为"真"，一旦在比较过程中需要交换元素，就说明假设是错的，剩下的元素没有排序好，于是将变量 isSorted 的值更改为"假"。

每一轮循环结束后，通过检测变量 isSorted 的值就知道剩下的元素是否排序好了。

一、选择题

1. 下列对一维数组的定义中正确的是 (   )。

A. int a[];

B. int n=10, a[n];

C. int a[10+1]={0};

D. int a[3]={1, 2, 3, 4}；

2. 设有如下定义：

int a[5]={1,3,5}; 则 a[3] 的值为 (   )。

A. 5   B. 0   C. 不确定   D. 初始化格式有错误

3. 设有声明"int p[10]={1, 2}, i=0;"，则以下语句中与"p[i]=p[i+1], i++;"等价的是 (   )。

A. p[i]=p[i+1];   B. p[++i]=p[i];   C. p[++i]=p[i+1];   D.i++, p[i-1]=p[i];

4. 以下数组定义语句中正确的是 (   )。

A. int n, a[n];   B. int a[];

C. int a[2][3]={{1},{2},{3}};   D. int a[][3]={{1},{2},{3}};

5. 若有数组定义语句"int a[][3]={1,2,3,4,5,6,7};"，则数组 a 第 1 维的长度是 (   )。

A. 2   B. 3   C. 4   D. 无确定值

6. 若已有声明"int s[2][3];"，则以下选项中 (   ) 正确地引用了数组 S 中的基本元素。

A. s[1>2][!1]   B. s[2][0]   C. s[1]   D. s

7. 下面是对 s 的初始化，其中不正确的是 (   )。

A. char s[5]={ "abc"};

B. char s[5]={ 'a', 'b', 'c'};

C. char s[5]= " ";

D. char s[5]= "abcdef ";

8. 下述对 C 语言字符数组的描述中错误的是 (   )。

A. 字符数组可以存放字符串

B. 字符数组的字符串可以整体输入、输出

C. 可以在赋值语句中通过赋值运算符"="对字符数组整体赋值

D. 不可以用关系运算符对字符数组中的字符串进行比较

9. 对两个数组 a 和 b 进行如下初始化：

　　　　char a[]="abcd";

　　　　char b[]={'a', 'b', 'c', 'd'};

则以下叙述正确的是 (　　　)。

　　A. a 与 b 数组完全相同　　　　　　B. 数组 a 比数组 b 长度大

　　C. a 与 b 中存放的都是字符串　　　D. a 与 b 长度相同

10. 若有两个字符数组 a、b，则以下正确的输入格式是 (　　　)。

　　A. gets(a,b)　　　　　　　　　　　B. scanf("%s %s",a,b);

　　C. scanf("%s %s",&a,&b)　　　　　D. gets("a"),get("b");

11. 若有字符数组 a[80] 和 b[80]，则其正确的输出形式是 (　　　)。

　　A. puts(a,b)　　　　　　　　　　　B. printf("%s %s",a[],b[]);

　　C. putchar(a,b)　　　　　　　　　　D. puts(a),puts(b);

12. 判断字符串 a 和 b 是否相等，应当使用 (　　　)。

　　A. if(a==b)　　　　B. if(a=b)　　　　C. if(strcpy(a,b))　　　　D. if(strcmp(a,b))

二、填空题

1. 在 C 语言中，数组元素的下标下限为_____。

2. 数组在内存中占一片_____的存储区，由_____代表它的首地址。

3. C 程序在执行过程中，不检查数组下标是否_____。

4. 若有数组 a，其数组元素 a[0] ～ a[9] 中的值为：9 4 12 8 2 10 7 5 1 3，则对该数组进行定义并赋以上初值的语句是_____。

5. 设有定义语句：int a[][3]={{0},{1},{2}};，则数组元素 a[1][2] 的值为_____。

三、程序运行结果分析

1. 以下程序运行后的输出结果是 (　　　)。

```
main()
    { int p[7]={11,13,14,15,16,17,18};
    int i=0,j=0;
    while(i<7 && p[i]%2==1) j+=p[i++]; printf("%d\n",j);
    }
```

2. 以下程序的输出结果是 (　　　)。

```
#include"stdio.h"
main()
{
    int a[4][4]={{1,4,3,2},{8,6,5,7}, {3,7,2,5},{4,8,6,1}},i,j,k,t;
    for(i=0;i<4;i++) for(j=0;j<3;j++)
    for(k=j+1;k<4;k++)
```

```
if(a[j][i]>a[k][i]) {t=a[j][i],a[j][i]=a[k][i],a[k][i]=t;}
for(i=0;i<4;i++)
printf("%d",a[i][i]);
}
```

3. 以下程序的输出结果是 (　　　)。

```
main()
{ char s[]="abcdef";
s[3]= "\0";
printf("%s\n",s);
}
```

4. 以下程序的输出结果是 (　　　)。

```
main()
{ char b[]="Hello,you";
b[5]=0;
printf("%s",b);
}
```

四、编程题

1. 从键盘输入若干个整数，其值在 0 ～ 4 范围内，用 −1 作为输入结束的标志，统计每个整数的个数。

2. 若有说明 "int a[2][3]={{1,2,3},{4,5,6}};"，现要将二维数组 a 的行和列的元素互换后存到另一个二维数组 b 中，试编写程序并输出二维数值 a 和 b 中的元素。

3. 编写程序，将输入的 20 名学生的成绩保存到数组中，并求出其最高分、最低分及平均分。

4. 从键盘输入一个字符串 a，并在其中的最大元素后边插入另外输入的字符串 b，试编程实现。

模块5　利用函数设计学生成绩管理系统整体框架结构

【学习目标】

- 掌握函数的定义和分类；
- 理解和掌握函数的参数和函数的值；
- 掌握函数的调用。

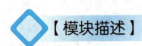

【模块描述】

学生成绩管理系统是通过函数来实现模块化程序设计的。项目由多个函数组成，每个函数分别对应各自的功能模块。各功能模块需要使用结构化编程的思想，来实现项目的整体框架设计。

根据系统功能设计出系统操作界面。从前面系统模块结构图 (图 2-1) 可知，本项目的主体模块包括菜单显示模块、登录模块、录入信息模块、浏览信息模块、统计总分和平均分模块、统计最高分及最低分模块、统计各分数段人数的模块和退出模块。

本任务中将每个模块都定义为一个功能相对独立的函数，各函数名如下：

(1) 菜单显示模块，其函数定义为 void menu()。

(2) 登录模块，其函数定义为 void login()。

(3) 录入信息模块，其函数定义为 input(int score [])。

(4) 浏览信息模块，其函数定义为 output(int score [],int n)。

(5) 统计总分和平均分模块，其函数定义为 SumAvg(int score [],int n)。

(6) 统计最高分和最低分模块，其函数定义为 MaxMin(int score [],int n)。

(7) 统计各分数段人数模块，其函数定义为 grade(int score [],int n)。

其中 (3) ～ (7) 的函数中都需要学生的成绩信息，因此使用数组 score[] 作为形参。

【源代码参考】

```
/*----------------------------- 项目的整体框架实现 -----------------------*/
/*===================== 预处理命令 =====================*/
#include<stdio.h>
#include<stdlib.h>
#include<conio.h>
#include<string.h>
#define MAXSTU 30                    // 学生人数最大为 30
/*==================== 函数原型声明 ==================*/
void login();                        // 密码验证函数声明
void menu();                         // 主菜单函数声明
int input(int score[]);              // 录入学生成绩函数声明
void output(int score[],int n);      // 显示学生成绩函数声明
void SumAvg(int score[],int n);      // 统计课程总分和平均分函数声明
void MaxMin(int score[],int n);      // 统计课程最高分和最低分函数声明
```

```
void grade(int score[],int n);                // 统计课程各分数段人数函数声明
/*==================== 主函数 ====================*/
void main()                                    // 主函数
{
  int stscore[MAXSTU];                         // 定义一维数组 , 存放学生某门课程的成绩
  int count=0;                                  // 存放学生实际人数
  int choose;                                   // 定义整型变量 , 存放主菜单选择序号
  login();                                      // 调用密码验证函数
  while(1)
  {
    menu();                                     // 调用显示主菜单函数
    printf("\t\t 请选择主菜单序号 (0-5)");
    scanf("%d",&choose);
    switch(choose)
    {
      case 1:count=input(score);               // 调用录入学生成绩函数
        break;
      case 2:output(score,count);              // 调用显示学生成绩函数
        break;
      case 3:SumAvg(score,count);              // 调用统计总分和平均分函数
        break;
      case 4:MaxMin(score,count);              // 调用统计最高分和最低分函数
        break;
      case 5:grade(score,count);               // 调用统计各分数段人数函数
        break;
      case 0:return;                           // 退出当前函数或程序
    default:printf("\n\n\n 输入无效请重新选择 \n");
    }
    printf("\n\n\n 按任意键返回主菜单 ");
    getch();
  }
}
/*================= 函数定义部分 =================*/
void login()                                   // 登录函数
{
  printf(" 请输入密码 :\n");
  gets(ch);
```

```
    }
    void menu()                              // 主菜单函数
    {
    system("cls");
    printf("\n\n");
    printf("\t\t*******************************************\n");
    printf("\t\t         学生成绩管理系统                      \n");
    printf("\t\t*******************************************\n");
    printf("\t\t      1- 录入学生成绩                          \n");
    printf("\t\t      2- 显示学生成绩                          \n");
    printf("\t\t      3- 统计总分和平均分                       \n");
    printf("\t\t      4- 统计最高分和最低分                      \n");
    printf("\t\t      5- 统计各分数段人数                        \n");
    printf("\t\t      0- 退出                                 \n");
    printf("\t\t*******************************************\n");
    }
        int input(int score[])               // 录入学生成绩函数
        {
            printf("\n 录入学生成绩 ( 输入 -1 退出 )\n");
            return 0;                         // 返回学生的实际人数
        }
        void output(int score[],int n)
        {
            printf(" 显示学生成绩 \n");
        }
        void SumAvg(int score[],int n)       // 统计总分和平均分
        {
            printf(" 统计总分和平均分 \n");
        }
        void MaxMin(int score[],int n)       // 统计最高分和最低分
        {
            printf(" 最高分和最低分 \n");
        }
        void grade(int score[],int n)        // 统计各分数段的人数
        {
            printf(" 统计各分数段人数 \n");
        }
```

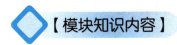

【思政教育】

　　本模块主要内容为函数，函数的应用是提高编程效率的重要手段，也是程序的最基本组成模块。编写函数主要是为了在需要时可以直接调用，所以对函数的命名应该让人见名知义。同时在编写程序的过程中要严格遵守相关职业道德规范。

　　2021 年 10 月，中共中央、国务院印发《新时代公民道德建设实施纲要》(以下简称《纲要》)，对新时代公民道德建设提出要求："推动践行以爱岗敬业、诚实守信、办事公道、热情服务、奉献社会为主要内容的职业道德，鼓励人们在工作中做一个好建设者。"该《纲要》明确了职业道德的内涵，倡导践行职业道德。践行职业道德不仅是新时代公民道德建设的重要内容，也是培育和践行社会主义核心价值观、弘扬民族精神和时代精神的内在要求，对于推进中国特色社会主义事业、建设社会主义现代化国家具有重要意义。

【模块知识内容】

 5.1　函数的分类　　　函数的分类解析

　　一个实用的 C 语言源程序总是由许多函数组成的，这些函数都是根据实际任务，由用户自己来编写完成的。在这些函数中可以调用 C 提供的库函数，也可以调用由自己或他人编写的函数。但是，一个 C 语言源程序无论包含了多少个函数，在正常情况下总是从main 函数开始执行，也同样在 main 函数中结束。

　　C 语言是通过函数来实现模块化程序设计的，模块化程序设计思想是把一个大的程序按照功能进行分解，由于分解后的各模块较小，所以容易实现，也容易调试。例如：学生成绩管理系统的开发，先给出项目的整体框架设计，然后具体实现每个功能模块。

　　C 语言函数从不同的角度可以分为不同的类型：从用户使用的角度来看，可将其分为库函数和用户自定义函数；从函数完成任务的角度来看，可分为有返回值函数和无返回值函数；从函数的形式来看，可分为无参函数和有参函数。

5.1.1　库函数和自定义函数

　　C 语言自带的函数称为库函数 (Library Function)。库 (Library) 是编程中的一个基本概念，可以简单地认为它是一系列函数的集合，在磁盘上往往是一个文件夹。在前面例题中反复用到的 printf、scanf、getchar、putchar、gets、puts、strcpy 等函数均属此类。

　　除了库函数，我们还可以编写自己的函数，拓展程序的功能。自己编写的函数称为自定义函数，对于用户自定义函数，不但要在程序中定义函数本身，而且在主调函数模块中还必须对该被调函数进行类型说明，然后才能使用。自定义函数和库函数在编写和使用方式上完全相同，只是由不同的机构来编写。

5.1.2　无参函数与有参函数

所谓无参函数，是指在主调函数调用被调函数时，主调函数不向被调函数传递数据。无参函数一般用来执行特定的功能，可以有返回值，也可以没有返回值，但一般以没有返回值的情况居多。

所谓有参函数，是指在主调函数调用被调函数时，主调函数通过参数向被调函数传递数据。在一般情况下，有参函数在执行被调函数时会得到一个值并返回给主调函数使用。

实例 5-1-1： 输入两个整数，输出其中较大的数。

```
01  #include<stdio.h>
02  int max( int x, int y){              // 函数的定义
03      if (x>y) return x ;
04      else  return y ;                 // 使用 return 语句把结果返回主调函数
05  }
06  void main(){
07    int  a,b,c ;
08    printf("input two numbers:\n");
09    scanf("%d,%d", &a, &b);
10    c=max(a, b);                       // 函数的调用
11    printf("max=%d\n", c);        }
```

程序运行结果如图 5-1-1 所示。

◆ 图 5-1-1　实例 5-1-1 运行结果

5.1.3　内部函数与外部函数

1. 内部函数

如果一个函数只能被本文件中的其他函数所调用，则称它为内部函数。在定义内部函数时，在函数名和函数类型的前面加上关键字 static。内部函数首部的一般格式为：

static 类型标识符 函数名 (形参表);

static int fun(int a, int b);

内部函数又称为静态 (static) 函数。使用内部函数，可以使函数只局限于所在文件。如果在不同的文件中有同名的内部函数，则它们之间互不干扰。通常把只能由同一文件使用的函数和外部变量放在一个文件中，在它们前面都添加关键字 static 使之局部化，其他文件不能引用。

2. 外部函数

在定义函数时，如果在函数首部的最左端冠以关键字 extern，则表示此函数是外部函数，可供其他文件调用。如函数首部可以写为：

extern int fun (int a, int b);

这样，函数 fun 就可以被其他文件所调用。如果在定义函数时省略关键字 extern，则也被默认为是外部函数。

在需要调用此函数的文件中，用关键字 extern 声明所用的函数是外部函数。

实例 5-1-2：输入两个整数，要求输出其中的大者，用外部函数实现。

```
/*******file1.c( 文件 1)*******/
01 #include <stdio.h>
02 int main()
03 {
// 声明在本函数中将要调用在其他文件中定义的 max 函数
04     extern int max(int,int);
05     int a,b;
06     scanf("%d,%d",&a,&b);
07     printf("the max is %d",max(a,b));
08     return 0;
09 }
/*******file2.c( 文件 2)*******/
01 int max(int x,int y)
02 {
03     int z;
04     z=x>y?x:y;
05     return z;
06 }
```

5.2 函数的定义

C 语言的库函数是由编译系统事先定义好的，用户在使用时无需自己定义，只需要用

#include 命令将其有关的头文件包含到文件中即可。但所有的用户自定义函数均要"先定义，后使用"。定义的目的是通知编译系统函数返回值的类型、函数的名字、函数的参数个数与类型、函数实现什么功能等。

无参函数定义
的解析

5.2.1 无参函数的定义

无参函数的定义形式如下：

```
类型名  函数名 ()          // 函数首部
{
    函数体
}
或
类型名 函数名 (void)        // 函数首部
{
    函数体
}
```

说明： 类型名指定函数返回值的类型，省略时，默认函数返回值的类型为 int，void 表示函数没有参数。函数体包含声明部分和语句部分，声明部分主要是变量的声明或所调用函数的声明，执行部分由执行语句组成，函数的功能正是由这些语句实现的。函数体可以既有声明部分又有语句部分，也可以只有语句部分，还可以两者皆无 (空函数)。调用空函数不产生任何有效操作。

一般情况下无参函数没有返回值，此时函数类型名为 void。

注意： 函数首部的后面不能加分号，它和函数体一起构成完整的定义。

实例 5-2-1： 无参函数调用的简单例子。

```
01 #include<stdio.h>
02 void main(){
03   void printf();              // 无参函数 printf 的声明
04   void message();             // 无参函数 message 的声明
05   printf();
06   message();
07   printf();
08 }
09 void printf(){
10   printf("******\n");         // 无参函数 printf 的定义
11 }
12 void message(){
13   printf("Hello\n");          // 无参函数 message 的定义
14 }
```

程序运行结果如图 5-2-1。

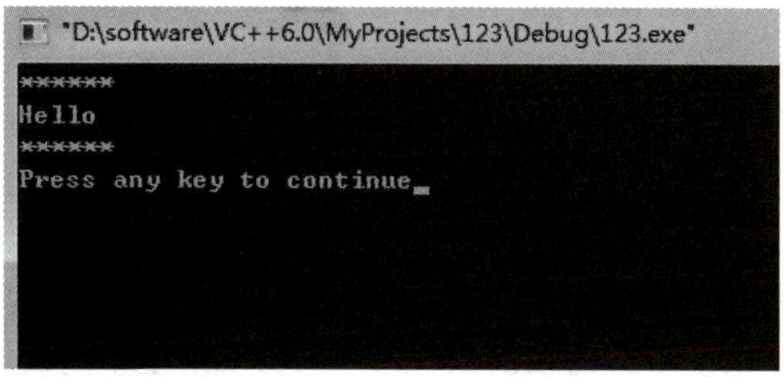

◆ 图 5-2-1 实例 5-2-1 运行结果

5.2.2 有参函数的定义

有参函数的定义形式如下：

```
类型名 函数名 ( 形式参数列表 )          // 函数首部
{
    函数体
}
```

说明：有参函数比无参函数多了一项内容，即形式参数列表。形式参数 (简称形参) 可以是各种类型的变量，各形式参数之间用逗号分隔。在进行函数调用时，调用函数将赋予这些形参实际的值。

例如：

```
int max(int x,int y){                    // 有参函数的定义
    int z;
    z=x>y?x:y;
    return z;
}
```

拓展训练一：

输入一个实数 x，计算并输出下列表达式的值，直到多项式表达式的最后一项的绝对值小于 10^{-5} (表达式结果保留两位小数)。要求定义和调用函数 fact(n)，计算 n 的阶乘，可以调用 pow 函数求幂值。

$$s = x + \frac{x^2}{2!} + \frac{x^3}{3!} + \frac{x^4}{4!} + \cdots$$

5.2.3 空函数的定义

空函数的定义如下：

类型名 函数名 ()

{ }

例如：

int fun(){}

函数体是空的，调用此函数时，什么工作也不做。在程序设计中可根据需要确定若干模块，分别由不同的函数实现。而在最初阶段可只实现最基本的模块，其他的模块等待以后完成。这些未编写好的函数先用空函数占一个位置，这样写的目的是使程序的结构清晰，可读性更好，便于以后扩充维护。

⚙ 5.3 函数参数和函数的值

函数参数和函
数值解析

5.3.1 参数

函数的一个明显特征就是使用时带括号 ()，有必要的话，括号中还要包含数据或变量，称其为参数 (Parameter)。参数是函数需要处理的数据。

例如：

strlen(str1) 用来计算字符串的长度，str1 就是参数。

puts("C 语言 ") 用来输出字符串，"C 语言 " 就是参数。

C 语言函数的参数会出现在两个地方，分别是函数定义处和函数调用处，这两个地方的参数是有区别的。

1. 形参 (形式参数)

在函数定义中出现的参数可以看作是一个占位符，它没有数据，只能等到函数被调用时接收传递进来的数据，所以称其为形式参数，简称形参。

2. 实参 (实际参数)

函数被调用时给出的参数包含了实实在在的数据，会被函数内部的代码使用，所以称其为实际参数，简称实参。

形参和实参的功能是传递数据，发生函数调用时，实参的值会传递给形参。

3. 形参和实参的区别与联系

(1) 形参变量只有在函数被调用时才会分配内存，调用结束后，立刻释放内存，所以形参变量只有在函数内部有效，不能在函数外部使用。

(2) 实参可以是常量、变量、表达式、函数等，无论实参是何种类型的数据，在进行函数调用时，它们都必须有确定的值，以便把这些值传递给形参，所以应该提前用赋值、输入等办法使实参获得确定值。

(3) 实参和形参在数量上、类型上和顺序上必须严格保持一致，否则会发生"类型不匹配"的错误。当然，如果能够进行自动类型转换，或者进行了强制类型转换，那么实参类型也可以不同于形参类型。

(4) 函数调用中发生的数据传递是单向的，即只能把实参的值传递给形参，而不能把形参的值反向地传递给实参。换句话说，一旦完成数据的传递，实参和形参就再也没有联系了。所以，在函数调用过程中，形参的值发生改变并不会影响实参。

实例 5-3-1：计算从 m 加到 n 的值。

```
01 #include<stdio.h>
02 int sum(int m, int n) {
03   int i;
04   for (i = m+1; i <= n; ++i) {
05     m += i;
06   }
07   return m;
08 }
09 int main() {
10   int a, b, total;
11   printf("Input two numbers: ");
12   scanf("%d %d", &a, &b);
13   total = sum(a, b);
14   printf("a=%d, b=%d\n", a, b);
15   printf("total=%d\n", total);
16   return 0;
17 }
```

程序运行结果如图 5-3-1 所示。

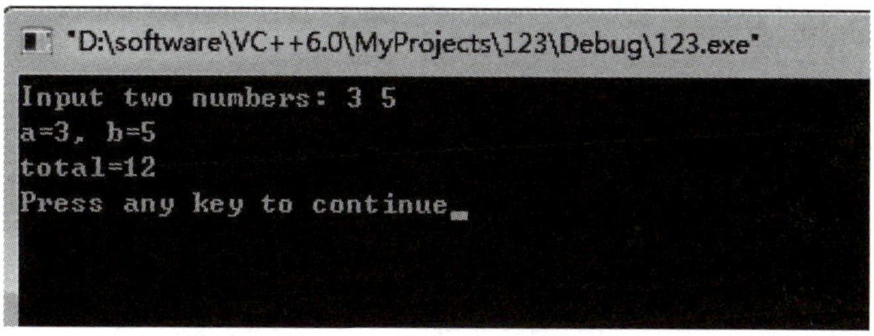

◆ 图 5-3-1　实例 5-3-1 运行结果

在这段代码中，函数定义语句中的 m、n 是形参，函数调用语句中的 a、b 是实参。通过 scanf 函数可以读取用户输入的数据，并赋值给 a、b，在调用 sum 函数时，实参 a、b 的值会分别传递给形参 m、n。

从运行情况来看，输入 a 的值为 1，即实参 a 的值为 1，把这个值传递给函数 sum 后，形参 m 的初始值也为 1，在函数执行过程中，形参 m 的值变为 5050。函数运行结束后，输出实参 a 的值仍为 1，可见实参的值不会随形参值的变化而变化。

以上调用 sum 函数时是将变量作为函数的实参，除此以外，也可以将常量、表达式和函数返回值作为实参。例如：

```
total=sum(10,98);                // 将常量作为实参
total=sum(a+10,b-3);             // 将表达式作为实参
total=sum(pow(2,2),abs(-100));   // 将函数返回值作为实参
```

(5) 形参和实参虽然可以同名，但它们之间是相互独立和互不影响的，因为实参在函数外部有效，而形参只在函数内部有效。

如下所示更改上面的代码，让实参和形参同名：

```
01  #include<stdio.h>
02  int sum(int m, int n) {
03    int i;
04    for (i = m + 1; i <= n; ++i) {
05      m+= i;
06    }
07    return m;
08  }
09  int main() {
10    int m, n, total;
11    printf("Input two numbers: ");
12    scanf("%d %d", &m, &n);
13    total = sum(m, n);
14    printf("m=%d, n=%d\n", m, n);
15    printf("total=%d\n", total);
16    return 0;
17  }
```

调用 sum 函数后，函数内部的形参 m 的值已经发生了变化，而函数外部的实参 m 的值依然保持不变，可见它们是相互独立的两个变量，除了传递参数的一瞬间，其他时候是没有联系的。

(6) 实参与形参结合的原则。当实参为常量、变量、表达式或数组元素时，对应的形参只能是变量名；当实参为数组名时，对应的形参必须是同类型的数组名或指针变量。

拓展训练二：

模拟导演为剧本选主角，并输出确定参演剧本主角的名字。

5.3.2　返回值

当被调用函数完成一定的功能后，可将处理的结果返回到调用函数，这种数据传递称为函数的返回值。如果函数有返回值，则在函数体内应包含 return 语句。格式如下：

> return (表达式);
> 或 return 表达式 ;

作用：将表达式的值返回给调用函数，结束被调用函数的执行，并将程序的控制权返回到调用它的函数。

注意：

(1) 函数返回值的类型应与函数的类型一致。如不一致，以函数类型为准，对返回值进行类型转换，然后传递给调用函数。

```
int f()
{
    return 3.5;
}
void main()
{
    int a=f();          /*a 被初始化为 3*/
}
```

(2) 一个函数可以有多个 return 语句，但只可能执行其中一个。

```
int max(int x,int y){
  if(x>y)
    return x;
  else
    return y;
}
```

拓展训练三：

编写函数返回体温值，自定义一个函数 getTemperature。

5.4　函数的调用

函数调用的解析

函数的使用是通过函数调用实现的。所谓函数调用，就是调用函数向被调用函数传递数据并将控制权交给被调用函数，当被调用函数执行完成后，将执行结果回传给调用函数并交回控制权，如图 5-4-1 所示。

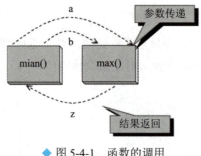

◆ 图 5-4-1　函数的调用

其代码形式如下：

```
int  max( int x, int y )
{
  …
   return  z;
}
void  main()
{
  …
   c=max( a, b );
}
```

5.4.1　函数调用的方式

1. 在表达式中调用函数

当函数出现在一个表达式中，这时要求函数必须返回一个确定的值，而这个值作为参加表达式运算的一部分。例如：

```
c=2*max(a, b) ;
```

2. 函数语句调用

把函数的调用通过一条语句来实现，这就称为函数语句调用。函数语句调用是最常使用的调用函数的方式。例如：

```
printf("* * * *") ;
fun() ;
```

3. 把函数作为参数使用

函数调用作为一个函数的实际参数，即将函数返回值作为实际参数传递到函数中使用。例如：

```
m=max(a, max(b, c)) ;
printf("%f\n", max(a, b)) ;
```

实例 5-4-1：求 1!+3!+5!+…+19!(调用函数)。

```
01  #include<stdio.h>
02  float fact( int n ) ;
03  void main()
04  { float sum=0.0 ;
05    int k ;
06    for( k=1; k<=19; k+=2 )
07      sum=sum+fact(k);
08    printf("sum=%.1f\n", sum );
09  }
10  float fact(int  n)
11  { int  i ;
12    float  t =1.0 ;
13    for(i=2; i<=n; i++ )
14      t = t*i ;
15    return t ;
16  }
```

程序运行结果如图 5-4-2 所示。

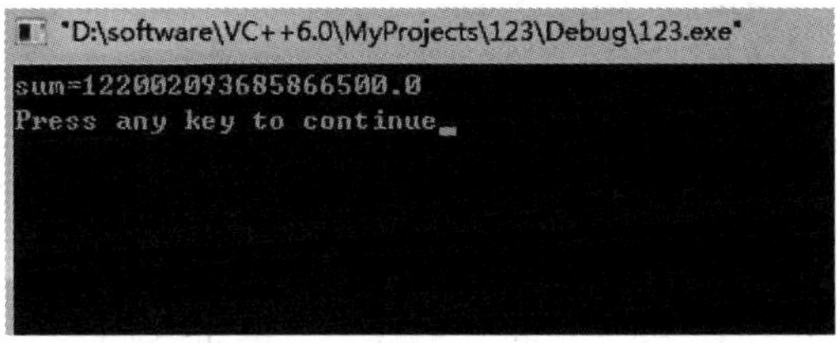

◆ 图 5-4-2　实例 5-4-1 运行结果

实例 5-4-2：写出下列程序的运行结果。

```
01  #include<stdio.h>
02  int func( int  a, int  b )
03  {  int c;
04     c=a+b;
05     return c;
06  }
07  void  main()
```

```
08  { int  x=6, y=7, z=8, r ;
09     r=func((x--, y++, x+y ), z-- );
10     printf("r=%d\n", r );
11  }
```

程序运行结果如图 5-4-3 所示。

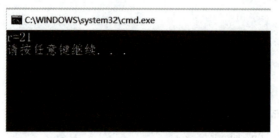

◆ 图 5-4-3　实例 5-4-2 运行结果

拓展训练四：

编写 login 函数，该函数有两个参数：账号和密码。如果账号为"张三"，密码为"123"，则返回 1，表示登录成功，否则返回 0，表示登录失败。将函数 login 的结果传入 welcome 函数中，并根据登录结果显示对应提示。

5.4.2　函数的嵌套调用

函数的嵌套调用是指在调用一个函数的过程中，该函数又调用另一个函数。在 C 语言中，各函数均处于平等关系，任何一个函数都可以调用和被调用，但 main 函数例外。注意：C 语言不允许嵌套定义函数，如图 5-4-4 所示。

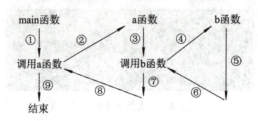

◆ 图 5-4-4　C 语言的函数嵌套调用示意图

实例 5-4-3：计算 sum=1!+2!+3!+…+(n-1)!+n!。

```
01 #include <stdio.h>
02 long factorial(int n){        // 求阶乘
03     int i;
04     long result=1;
05     for(i=1; i<=n; i++){
```

```
06        result *= i;
07    }
08    return result;
09 }
10 long sum(long n){                        // 求累加和
11    int i;
12    long result = 0;
13    for(i=1; i<=n; i++){                   // 在定义过程中出现嵌套调用
14        result += factorial(i);
15    }
16    return result;
17 }
18 int main(){
19    printf("1!+2!+...+9!+10! = %ld\n", sum(10));    // 在调用过程中出现嵌套调用
20    return 0;
21 }
```

程序运行结果如图 5-4-5 所示。

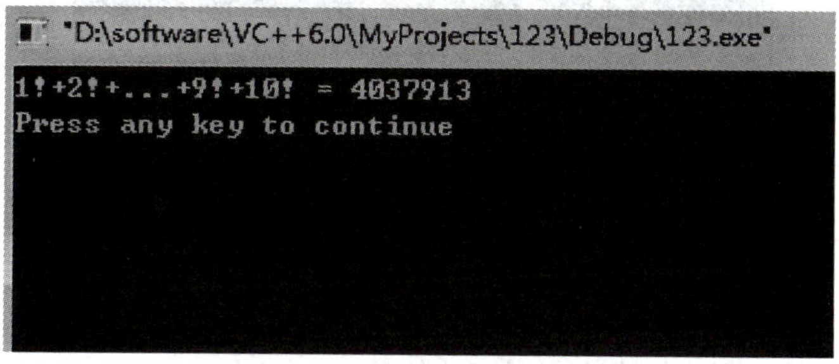

◆ 图 5-4-5　实例 5-4-3 运行结果

5.4.3　函数的递归调用

在 C 语言中，一个函数除了可以调用其他函数以外，还可以直接或间接调用自己，这种函数自己调用自己的形式称为函数的递归调用，带有递归调用的函数也称为递归函数。递归调用的方法是一种重要的程序设计方法，许多复杂问题可以很容易地使用递归调用方法得到解决。

实例 5-4-4：用递归调用的方法求 n!。

分析：5!=5×4×3×2×1，5!=5×4!，4!=4×3!，…，2!=2×1!，1!=1 终止递归。

递归公式：当 n==1 时，n!=1；当 n>1 时，n!=n×(n-1)!。

递归终止条件为 "if(n==1) return 1;"，代码如下：

```
01  #include <stdio.h>
02  long  fact(int) ;
03  void main()
04  { int n ; long f;
05      printf("n=");
06      scanf("%d", &n);
07      f= fact(n);
08      printf("%d!=%d\n", n, f );
09  }
10  long  fact( int n )
11  {
12      if(n==1)  return 1;
13      else
14      return( n*fact(n-1) );        /* 递归结束条件 */
15  }
```

程序运行结果如图 5-4-6 所示。

◆ 图 5-4-6　实例 5-4-4 运行结果

实例 5-4-5：编写程序，求出其对应的年龄。

有 5 个人坐在一起，问第 5 个人多少岁，他说比第 4 个人大 2 岁；问第 4 个人多少岁，他说比第 3 个人大 2 岁；问第 3 个人多少岁，他说比第 2 个人大 2 岁；问第 2 个人多少岁，他说比第 1 个人大 2 岁；最后问第 1 个人，他说他是 10 岁。编写程序，当输入第几个人时可以求出其对应的年龄。

代码如下：

```
01  #include<stdio.h>
02  int age(int n)
03  {
04      int x;
05      if(n == 1)
```

```
06          x=10;
07      else
08          x=age(n-1)+2;
09      return x;
10 }
11 int main()
12 {
13      int n;
14      printf(" 请输入 n 值: ");
15      scanf("%d", &n);
16      printf(" 第 %d 个人的年龄为 %d\n", n, age(n));
17      return 0;
18 }
```

程序运行结果如图 5-4-7 所示。

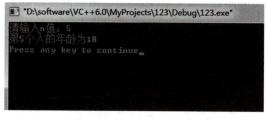

◆ 图 5-4-7　实例 5-4-5 运行结果

拓展训练五:

输出斐波那契数列的第 n 项。斐波那契数列的递推公式如下:

f(n)=f(n-1)+f(n-2) (n ≥ 3); 当 n=1 或 n=2 时,f(n)=1

5.4.4　数组作为函数参数

数组可以作为函数的参数使用,完成函数间的数据传递。数组作为函数参数有两种形式,一种是把数组元素作为实参使用,另一种是把数组名作为函数的形参和实参使用。

1. 数组元素作为函数实参

数组元素就是下标变量,它与普通变量并无区别。因此,将数组元素作为函数实参使用与将普通变量作为函数实参使用是完全相同的。在发生函数调用时,把作为实参的数组元素的值传递给形参,实现单向值的传递。

2. 数组名作为函数参数

在 C 语言中,数组名代表数组的首地址,数组名作为函数的参数,此时形参和实参所指向的是同一块存储单元,即形参数组可以访问实参数组所在的存储单元,并且还能改变这些单元内容，从而使实参数组元素的值被改变。这就是数组作为参数的真正含义。

数组名作为函数参数调用函数的格式为：

函数名 (数组名)

注意：数组名后面不能有 []。

由于数组名实际上是数组第一个元素的地址，调用函数时，当用数组名作为实参时，实际上传递给形参一个地址值，即实参数组的首地址，对应的形参应该是数组名或一个指针变量。

数组名作为实参时 , f 函数中对应的形参可用以下 3 种形式进行说明：

(1) f(int b[10]);

(2) f(int b[]);

(3) f(int *b)。

注意：形参数组的长度可以省略。为了在被调用函数中满足处理数组元素的需要 , 可另设一个参数，用来传递数组元素的个数。

当函数参数是一维数组时，形参数组无需指定大小，但数组名后面的方括号是不能被省略的。也可用多维数组名作为实参和形参，在被调用函数中对形参数组进行定义时，可以指定每一维的长度，也可省略第一维的长度。例如，形参数组如下：

```
nt a[3][10];
int a[][10];
int a[][]; 错误
int a[3][]; 错误
```

函数参数传递的规则如图 5-4-8 所示。

实　参	形　参	传递数据
基本变量 常　数 表 达 式 数组元素	基本变量	传　值
数组名	数组名 指针变量	传　址

◆ 图 5-4-8　函数参数传递的规则

实例 5–4–6：在一维数组 score 中存放 10 个学生的考试成绩 , 求平均成绩。

代码如下：

```
01  #include <stdio.h>
02  float aver( float a[10] );
03    void main()
```

```
04  { float  score[10]={ 100, 87,62, 93, 67, 98, 95, 82, 89, 90 };
05    float  average;
06    average=aver(score) ;
07    printf(" 平均分 :%.1f\n",average);
08  }
09  float  aver(float a[10])
10    {  int  i ;
11      float  av, sum=a[0];
12      for(i=1;i<10; i++)
13        sum=sum+a[i] ;
14      av=sum/10 ;
15      return av ;
16    }
```

程序运行结果如图 5-4-9 所示。

◆ 图 5-4-9　实例 5-4-6 运行结果

实例 5-4-7：调用函数 sum 求出数组 a[3][3] 主对角线元素及辅对角线元素之和。(s1、s2——主、辅对角线元素之和)

代码如下：

```
01  #include <stdio.h>
02  sum( int  x[][3] );
03  int  s2 ;
04  void main()
05  { int  i, j ,s1, a[3][3] ;
06    for( i=0; i<3; i++)
07      for( j=0; j<3; j++)
08        scanf("%d", &a[i][j]);
09    s1=sum(a) ;
10    printf("%d,%d\n", s1,s2);
11  }
```

```
12   sum( int  x[][3])
13  { int  i, s1=0 ;
14    for(i=0; i<3; i++)
15    {  s1=s1+x[i][i] ;
16       s2+=x[i][3-i-1];
17    }
18    return s1 ;
19  }
```

程序运行结果如图 5-4-10 所示。

◆ 图 5-4-10　实例 5-4-7 运行结果

拓展训练六：

使用函数完成 3×3 矩阵的转置。

全局变量和局
部变量解析

5.5　全局变量和局部变量

在函数定义的声明部分可以定义变量，那么变量的定义是不是只能在函数中进行？当然不是，这就引出了一个新的概念：变量的作用域，也就是说在不同的地方定义变量，其作用域是不一样的。变量的作用域就是变量的有效范围。C 语言只允许在 3 个地方定义变量：

(1) 函数内部的声明部分。

(2) 所有函数的外部。

(3) 复合语句中的声明部分。

变量定义的位置不同，其作用域也不同。从变量的作用域来分，可以将其分为局部变量和全局变量。

5.5.1　局部变量

在一个函数内部定义的变量称为局部变量。其作用范围仅限于本函数，即只在本函数范围内有效，在其他函数内不能使用，如图 5-5-1 所示。

```
f1(int x, int y)
{int a,b,I,j;          ⎫
  ...                  ⎬ a,b,i,j,x,y 的作用域
}                      ⎭
void main()
{float a,b,c;          ⎫
  f1(a,b);             ⎬ a,b,c 的作用域
  ...                  ⎭
}
```

◆ 图 5-5-1　定义局部变量

在 main 函数中定义的变量也只在主函数中有效，而不是在整个文件中都有效，主函数不能使用其他函数中定义的变量。不同函数中可使用相同名字的变量，它们代表不同的对象，互不干扰。形参是属于被调函数的局部变量，实参是属于调用函数的局部变量。

在函数内部，可在复合语句中定义变量，这个变量只在本复合语句中有效，如图 5-5-2 所示。

```
void main()
{int a,b;                        ⎫
  ...                            ⎪
{int c;              ⎫          ⎬ a,b的作用域
  c=a+b;             ⎬ c 的作用域 ⎪
  ...                ⎭           ⎪
  ...                            ⎪
}                                ⎭
```

◆ 图 5-5-2　在复合语句中定义变量

实例 5-5-1：写出下列程序并运行得到结果。

```
01  #include <stdio.h>
02  void main()
03  { int  i, a=0;
04    for( i=1;  i<=2; i++)
05      { int a=1; a++;          // 在复合语句内开辟新的 a
06        printf("i=%d, a=%d\n",  i, a);
07      }                        // 释放复合语句内开辟的 a, 不能再使用它
08    printf("i=%d, a=%d\n",  i, a);
09    }
```

程序运行结果如图 5-5-3 所示。

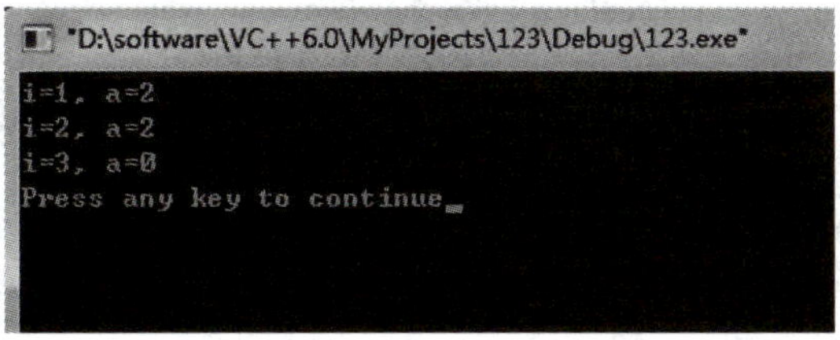

◆ 图 5-5-3　实例 5-5-1 运行结果

拓展训练七：

使用局部变量编写程序。模拟场景：两位女士合租一套房子，她俩的房间都有自己的柜子，其中一位屋里是实木柜，另一位是简易柜，这两位女士分别使用自己屋里的柜子。

5.5.2　全局变量

全局变量是在函数外部定义的变量，也称为外部变量。其作用范围是从其被定义的地方开始直至本源程序文件的结束。全局变量只能被定义在程序的最前面，即第一个函数的前面，其作用范围将覆盖源程序文件中的各函数，如图5-5-4所示。

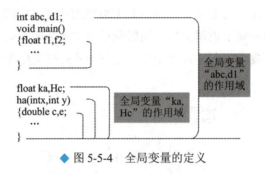

◆ 图5-5-4　全局变量的定义

实例 5-5-2： 判断下列程序的运行结果。

```
01  #include <stdio.h>
02  void fun() ;
03  int n=5 ;        // 定义全局变量 n
04  void main()
05  { int m=n ;
06    fun();
07    printf("m=%d n=%d\n" , m, n);
08  }
09  void fun()
10  { int s=10 ;
11    n=s ;
12  }
```

程序运行结果如图5-5-5所示。

```
■ "D:\software\VC++6.0\MyProjects\123\Debug\123.exe"
m=5 n=10
Press any key to continue
```

◆ 图5-5-5　实例5-5-2运行结果

使用全局变量的优点：

(1) 增加了各函数间数据传递的渠道。函数调用只能返回一个函数值，而利用全局变量则可以从函数中得到一个以上的返回值。

(2) 利用全局变量可以减少函数中实参和形参的个数。

使用全局变量也存在以下缺点：

(1) 全局变量在程序运行过程中始终占用存储单元，而不是在函数被调用时才临时分配存储单元。

(2) 使函数的通用性降低。因为函数的运行要依赖于全局变量，所以函数很难进行移植。

(3) 由于每个函数执行时都有可能改变全局变量的值，这就使得程序容易出错，因此，非必要情况不建议使用全局变量。

在同一个源程序中，若全局变量与局部变量同名，则在局部变量的作用范围内，全局变量不起作用，即此时全局变量被局部变量所"屏蔽"。在同一源文件内，对于使用在前，定义在后的全局变量，应在使用前用关键字 extern 加以声明，声明后的全局变量即可使用。

拓展训练八：

使用全局变量模拟某面包连锁店对其全国各店的价格进行调整，使用函数表示连锁店，并在函数中输出一条消息，表示连锁店中的价格。

 5.6　变量的存储类别

变量存储类型
的介绍

前面讨论了变量的作用域，那么在变量被定义后是否直到程序结束都一直有效呢？当然不是，这就引出一个新的概念：变量的生命期。

变量从定义开始分配存储单元，到运行结束存储单元被回收，整个过程称为变量生命期。影响变量生命期的是变量的存储类型，也就是说变量的存储类型不同，其生命期也是不同的。

5.6.1　静态存储与动态存储

C 语言的数据存储区分为动态存储区和静态存储区，全局变量和静态局部变量属于静态存储区，自动变量属于动态存储区。变量的存放位置决定了变量的生命期。

从变量的生命期来分，可以将变量的存储类型分为静态存储方式和动态存储方式。静态存储方式是指在程序运行期间需要给变量分配固定的存储空间的方式；动态存储方式是指在程序运行期间根据需要给变量动态分配存储空间的方式。

5.6.2　变量的存储类型

在 C 语言中，变量有两个属性，即前面已经介绍过的变量的数据类型以及变量的存储类型。用变量的存储类型说明来确定变量的存放位置。

带有存储类型的变量，其定义的一般形式为：

> 存储类型　数据类型　变量名；

在 C 语言中，变量的存储类型有 4 种：auto(自动类型)、static(静态类型)、register(寄存器类型) 和 extern(外部类型)。

1. 自动变量 (auto)

自动变量用关键字 auto 表示。函数体中说明的变量、函数的参数、程序块中定义的变量称为自动变量。其定义形式如下：

> auto 类型名 变量名；

自动变量存放在动态存储区，是动态分配存储空间的。C 语言规定：在局部变量的定义中，可省略关键字"auto"，即没有指明存储类型的变量，一律隐含为自动变量。

2. 静态变量 (static)

static 变量的定义形式如下：

> static 类型名 变量名；

例如：

> static int a,b;

static 变量的存储单元被分配在数据存储区的静态存储区中。如果函数中的局部变量的值在函数调用结束后仍然能保留，便于下一次调用该函数时使用，可以将局部变量定义为 static 类型。局部变量和全局变量都可以说明为 static 类型。

静态局部变量的生存期与全局变量的生命期相同，作用域与局部变量的作用域相同。

全局变量无论是否被说明为 static 类型，都将占用静态存储区。静态局部变量可以改变其生命期，但不能改变它的作用域，即静态局部变量不能被其他函数所引用，只是扩大了局部变量的生命期。

实例 5-6-1：判断下列程序的运行结果。

```
01 #include <stdio.h>
02 void  f( int  c )
03 { int a=0 ;          // 每次调用时，都会对变量 a 初始化，不保留上一次的值
04  static int b=0;      // 只对静态局部变量 b 初始化一次
05  a++;
06  b++;
07  printf("%d: a=%d, b=%d\n", c, a, b);
08 }
09 void  main()
```

```
10  { int  i;
11     for( i=1; i<=2; i++)
12       f(i);                        // 调用两次函数
13  }
```

程序运行结果如图 5-6-1 所示。

◆ 图 5-6-1　实例 5-6-1 运行结果

3. 寄存器变量 (register)

register 变量也是自动变量，它与 auto 型变量的区别在于：register 变量的值存放在寄存器中而不是内存中。寄存器是 CPU 芯片内部的存储器，访问速度极快。常把一些对运行速度有较高要求、需要频繁引用的变量定义为 register 型。register 说明符是过时的说明符，因为目前大多数编译器都可以做到程序优化，程序根据优化的结果决定哪些变量是 register 型变量，因此由程序员指定的 register 型变量可能无效。

说明：

(1) 寄存器变量只能用于基本整型、短整型和字符型变量；

(2) 寄存器变量分配方式是动态分配的；

(3) 由于 CPU 中寄存器数目有限，通常只把少数使用频繁的变量定义为寄存器变量，而对超出寄存器数目的寄存器变量按自动变量处理；

(4) 只有自动变量和形参可以作为寄存器变量。

实例 5-6-2：求 n!。

```
01 #include <stdio.h>
02 int fact( int n )
03 { register int  i, f=1;          // 定义 i、f 为寄存器变量
04    for ( i=1; i<=n; i++)
05       f=f*i ;
06     return  f;
07 }
08 void main()
09 { int  k;
10    for ( k=1; k<=5; k++)
11     printf("%d!=%d\n", k, fact(k) );
12 }
```

程序运行结果如图 5-6-2 所示。

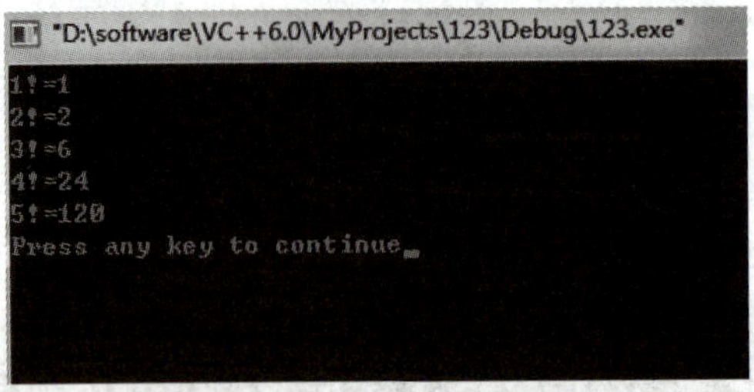

◆ 图 5-6-2　实例 5-6-2 运行结果

4. 外部变量 (extern)

extern 变量即外部变量，是在程序中声明已在函数的外部定义过的全局变量。其声明形式如下：

extern 类型名 变量名；

extern 只能声明已经存在的变量，而不能定义变量。外部变量的作用域为从变量的定义处开始到本程序的结束，在此作用域内，外部变量可以为程序中各个函数所使用。

如果在定义点之前的函数想引用全局变量，则应该在引用之前用关键字 entern 对该变量声明，表示该变量是一个已经定义的外部变量。有了此声明，即可合法地使用该变量。

实例 5-6-3：外部变量举例 (在同一源文件内)。

```
01 #include <stdio.h>
02 int  max( int  a, int  b )
03 { int  c ;
04    c=a>b?a:b ;
05    return  c ;
06 }
07 void main()
08 { extern int x, y ;          // 外部变量声明 , 不重新开辟内存空间
09    printf("%d\n", max(x, y));
10 }
11 int  x=12, y=-8;            // 外部变量定义 , 开辟内存空间
```

程序运行结果如图 5-6-3 所示。

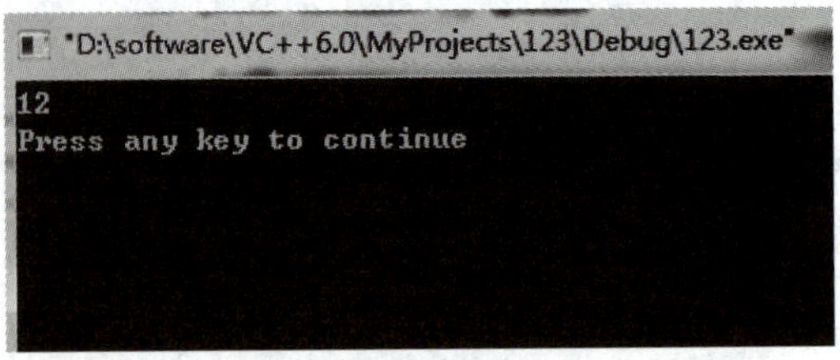

◆ 图 5-6-3　实例 5-6-3 运行结果

对于由多个源文件组成的 C 程序，C 语言规定：

(1) 对共用的外部变量只需在任一源文件中定义一次，则在其他源文件中用 extern 对其声明后即可使用。

(2) 如果希望外部变量仅限于本文件使用，则在定义外部变量时前面加一个 static 说明。

一、选择题

1. 在以下函数调用语句中，有 (　　) 个实参。

　　func((a1,a2,a3),(a4,a5));

A. 2　　　　　　　B. 5　　　　　　　C. 1　　　　　　　D. 不合法

2. 若调用一个函数，且此函数中没有 return 语句，则正确的说法是 (　　)。

A. 该函数没有返回值　　　　　　　　　B. 返回若干个系统默认值

C. 能返回一个用户所希望的函数值　　　D. 返回一个不确定的值

3. C 语言中函数返回值的类型是由 (　　) 决定的。

A. return 语句中的表达式类型　　　　　B. 调用该函数的主函数类型

C. 定义函数时所指定的函数类型　　　　D. 以上都有可能

4. 以下说法正确的是 (　　)。

A. C 程序总是从第 1 个函数开始执行

B. 在 C 程序中，要调用的函数必须在主函数前定义

C. C 程序总是从主函数开始执行

D. C 程序中的主函数必须放在程序的最前面

5. 在 C 语言中，函数值类型的定义可以缺省，此时函数值的隐含类型是 (　　)。

A. void　　　　　　B. int　　　　　　C. float　　　　　　D. double

6. 以下关于函数形式参数的声明中正确的是 (　　)。

A. int a[]　　　　　B. int a[][]　　　　C. int a[]={0}　　D. int a[2][]

二、程序运行结果分析

1. 以下程序的运行结果是_____。

```
#include <stdio.h>
fun(int k)
{   static int i;
      int j=0;
      return ++i+k+j++;
}
int main()
{   static int i, n;
```

```
        for(i=0;i<4;i++)
          n+=fun(i);
        printf("%3d", n);
        return 0;
    }
```

2. 以下程序的运行结果是_____。

```
        #include <stdio.h>
        int f(int x, int y)
        {   return x/y+x%y;}
        int main()
        {   float a=1.5, b=2.5, c=f(a, b);
            printf("%.2f", c);
            return 0;
        }
```

3. 以下程序的运行结果是_____。

```
        #include<stdio.h>
        void num()
        {   extern int x, y;
            int a=15, b=10;
            x=a-b; y=a+b;
        }
        int x, y;
        int main()
        {   int a=7, b=5;
            x=a+b;y=a-b;
            num();
            printf("%d, %d\n", x, y);
            return 0;
        }
```

4. 以下程序的运行结果是_____。

```
        #include<stdio.h>
        long func(long x)
        {   if(x<100)
                return x%10;
            else
                return func(x/100)*10+x%10;  }
```

```
void main()
{    printf("The result is:%ld\n", func(132645));        }
```

三、编程题

1. 编写程序，通过调用函数求一个圆柱体的表面积和体积。

2. 编写函数 prime(m)，判断 m 是否为素数，当 m 为素数时返回 1，否则返回 0。

3. 编写程序，输出一个整数的全部素数因子。要求调用第 2 题中的 prime 函数判断因子是否为素数。例如，整数 120 的素数因子为 2、2、2、3、5。

模块 6　使用指针实现学生成绩操作

【学习目标】

- 理解和掌握指针的含义；
- 掌握指针的定义、初始化和使用方法；
- 了解指针和数组的关系。

【模块描述】

本模块利用指向数组的指针来实现自定义函数的功能。在模块 4 中用一个一维数组 score 来存放学生成绩，并作为函数的形参来传递，在函数体中对数组元素的访问采用的是下标法。本模块中依旧需要使用一个数组 stscore 来存放学生成绩，然后定义一个指针指向该数组的首地址。将函数中的形参改为指针，函数体对数组元素的访问，也就相应修改为指针方式。

【源代码参考】

```
/*----------------------- 项目的整体框架实现 -----------------------*/
/*================== 预处理命令 ==================*/
#include<stdio.h>
#include<stdlib.h>
#include<conio.h>
```

```c
#include<string.h>
#define MAXSTU 30              // 学生人数最大为 30
/*================ 函数原型声明 ================*/
void login();                  // 密码验证函数声明
void menu();                   // 主菜单函数声明
int input(int *score);         // 录入学生成绩函数声明
void output(int *score,int n); // 显示学生成绩函数声明
void SumAvg(int *score,int n); // 统计课程总分和平均分函数声明
void MaxMin(int *score,int n); // 统计课程最高分和最低分函数声明
void grade(int *score,int n);  // 统计课程各分数段人数函数声明
/*================ 主函数 ================*/
void main()                    // 主函数
{
int stscore[MAXSTU];           // 定义一维数组，存放学生某门课程的成绩
int *score=stscore;            // 定义一个指向成绩数组的指针
int count=0;                   // 存放学生实际人数
int choose;                    // 定义整型变量，存放主菜单选择序号
login();                       // 调用密码验证函数
while(1)
   {
   menu();                     // 调用显示主菜单函数
   printf("\t\t 请选择主菜单序号 (0-5)");
   scanf("%d",&choose);
   switch(choose)
   {
   case 1:count=input(score);  // 调用录入学生成绩函数
      break;
   case 2:output(score,count); // 调用显示学生成绩函数
      break;
   case 3:SumAvg(score,count); // 调用统计总分和平均分函数
      break;
   case 4:MaxMin(score,count); // 调用统计最高分和最低分函数
      break;
   case 5:grade(score,count);  // 调用统计各分数段人数函数
      break;
```

```
        case 0:return;                     // 退出当前函数或程序
        default:printf("\n\n\n 输入无效，请重新选择 \n");
        }
    printf("\n\n\n 按任意键返回主菜单 ");
    getch();
    }
}
/*================= 函数定义部分 ===================*/
void login()                          // 登录函数
{
    char pwd[10]="abc123";
    char ch[10];
    int re;
    printf(" 请输入密码 :\n");
    gets(ch);
    re=strcmp(ch,pwd);
    if(re==0)
        puts(" 密码正确 , 登录成功 ");
    else
    {
        puts(" 密码不正确 , 请重新输入 :");
        login();
    }
}
void menu()                           // 主菜单函数
{
    system("cls");
    printf("\n\n");
    printf("\t\t*******************************************\n");
    printf("\t\t                学生成绩管理系统                \n");
    printf("\t\t*******************************************\n");
    printf("\t\t           1- 录入学生成绩                \n");
    printf("\t\t           2- 显示学生成绩                \n");
    printf("\t\t           3- 统计总分和平均分            \n");
    printf("\t\t           4- 统计最高分和最低分          \n");
```

```
        printf("\t\t                     5- 统计各分数段人数                    \n");
        printf("\t\t                     0- 退出                               \n");
        printf("\t\t*******************************************\n");
}
int input(int * score)                    // 录入学生成绩函数
{
    int i;
    printf("\n 录入学生成绩 ( 输入 -1 退出 )\n");
    for(i=0;i<MAXSTU;i++)
    {
        printf("\t 第 %d 个学生的成绩为 :",i+1);
        scanf("%d",score+i);
        if(*(score+i)==-1)
            break;
    }
    return i;                              // 返回学生的实际人数
}
void output(int *score,int n)
{
    int i;
    printf("\n\n 学生成绩 :");
    printf("\n 学号 \t\t 成绩 ");
    for(i=0;i<n;i++)
        printf("  "\n%d\t\t%d",1001+i,*(score+i));
}
void SumAvg(int *score,int n)             // 统计总分和平均分
{
    int i,sum=0;
    float avg=0;
    for(i=0;i<n;i++)
        sum+=*(score+i);
    avg=(float)sum/n;
    printf("\n 总分为 %d, 平均分为 %.2f\n",sum,avg);
}
void MaxMin(int *score,int n)             // 统计最高分和最低分
{
```

```
    int i,max=0,min=0;

    max=*score;

    min=*score;

    for(i=0;i<n;i++)

    {

        if(*(score+i)>max)

            max=*(score+i);

        if(*(score+i)<min)

            min=*(score+i);

    }

    printf("\n 最高分为 :%d, 最低分为 :%d\n",max,min);

}

void grade(int *score,int n)                // 统计各分数段的人数

{

    int i;

    int grade1=0;

    int grade2=0;

    int grade3=0;

    int grade4=0;

    int grade5=0;

    for(i=0;i<n;i++)

        switch(*(score+i)/10)

        {

            case 10:

            case 9:grade1++;break;

            case 8:grade2++;break;

            case 7:grade3++;break;

            case 6:grade4++;break;

            default:grade5++;break;

        }

    printf("\n\n 等级为优的人数 :%d",grade1);

    printf("\n\n 等级为良的人数 :%d",grade2);

    printf("\n\n 等级为中的人数 :%d",grade3);

    printf("\n\n 等级为合格的人数 :%d",grade4);

    printf("\n\n 等级为不合格的人数 :%d",grade5);

}
```

【思政教育】

　　本模块主要内容为指针，指针也就是内存地址。指针变量是用来存放内存地址的变量，在同一 CPU 架构下，不同类型的指针变量所占用的存储单元长度是相同的，而存放数据的变量因数据的类型不同，所占用的存储空间长度也不同。有了指针以后，不仅可以对数据本身，也可以对存储数据的变量地址进行操作。指针描述了数据在内存中的位置，标示了一个占据存储空间的实体以及在这一段空间起始位置的相对距离值。结合指针含意，不禁让我们认识到新时代学风建设的价值航标——严谨求实。

　　严谨求实，对于技术人员来说是一种科学态度。坚持以科学的态度看待问题、评价问题和解决问题，一方面是规范人们的行为，是人们在科学领域内取得成功的保证，另一方面，这种方式方法和行为又不断渗入大众的意识深层，逐渐成为一种精神。这种精神是一种巨大的力量，它能促使人们摆脱各种消极精神枷锁的束缚和影响，树立积极向上的乐观态度和进取精神。

　　严谨求实，也是一种文化自信。严谨求实的优良学风作为融入血脉的文化素养和精神传承，已折射出文化的自信光芒。建设新时代中国特色社会主义的伟大实践以及社会科学的持续发展，为这种文化自信提供了富含养分的土壤，也为塑造与坚持严谨求实的优良学风提供了良好的环境和氛围。

【模块知识内容】

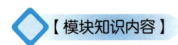 6.1　指针的相关概念

指针相关概念
介绍

6.1.1　地址和指针

　　系统的内存就好比是带有编号的房间，如果想使用内存就需要得到房间编号。定义一个整型变量 i，一个整型变量需要 4 个字节，如果该变量的起始编号为 1000，那么编译器为该变量分配的编号为 1000 ~ 1003。

　　地址就是内存区中对每个字节的编号，如 1000、1001、1002 和 1003 就是地址。

　　C 程序中所定义的每一个变量都会被分配若干个连续的内存单元，变量的值就存放在这些内存单元中；变量被分配的内存单元数量由变量的类型决定，除了共用体外，不同的变量使用不同的内存单元。

　　图 6-1-1 中所示的 1000、1004 等就是内存单元的地址，而 0、1 就是内存单元的内容，也就是基本整型变量 i 在内存中的地址从 1000 开始，因基本整型占 4 个字节，所以变量 j 在内存中的起始地址为 1004。

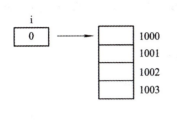

◆ 图 6-1-1　变量在内存中的存储

6.1.2　指针与指针变量

　　指针就是某个对象所占用的内存单元的首地址。例如，变量 i 的首地址 1000 就是变量 i 的指针。变量的地址就是变量和指针二者之间连接的纽带，如果一个变量包含了另一个变量的地址，则可以理解成第一个变量指向第二个变量。存放变量地址的变量称为指针变量，指针变量是指向一个变量的地址。指针变量与变量在内存中的关系如图 6-1-2 所示：通过 1000 这个地址能访问 2000 的存储单元，再通过 2000 找到对应的数据。

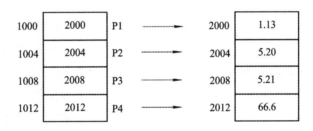

◆ 图 6-1-2　指针变量与变量在内存中的关系

1. 指针变量的一般形式

指针变量的一般形式为：

> 类型说明 *指针变量名

其中"*"表示该变量是一个指针变量，类型说明表示该指针变量所指向的变量的数据类型，例如 int * q。

2. 指针变量的赋值

　　指针变量同普通变量一样，使用之前不仅需要定义，而且必须赋予具体的值，未经赋值的指针变量不能使用，同时，指针变量赋值只能赋予地址，而不能赋予任何其他数据，赋值的一般形式为：

> 指针变量名 =& 变量名；

例如，&a 表示变量 a 的地址，&b 表示变量 b 的地址。给一个指针变量赋值可以有以下两种方法：

(1) 在定义指针变量的同时进行赋值，例如：

```
int  a;
int *p=&a;
```

(2) 先定义指针变量，然后再赋值，例如：

```
int a;
int *p;
p=&a;
```

注意：这两种赋值语句的区别在于如果在定义完指针变量之后再赋值不能加"*"。

实例 6-1-1：输出变量地址。

本实例定义一个变量，之后以十六进制格式输出变量的地址。具体代码如下：

```
01  #include<stdio.h>                                /* 包含头文件 */
02  int main()                                       /* 主函数 main*/
03  {
04      int a;                                       /* 定义整型数据 */
05      int *ipointer1;                              /* 声明指针变量 */
06      printf(" 请输入数据：\n");                     /* 输出提示 */
07      scanf("%d",&a);                              /* 输入数 */
08      ipointer1 = &a;                              /* 将地址赋给指针变量 */
09      printf(" 转化十六进制为：%x\n",ipointer1);     /* 以十六进制输出 */
10      return 0;                                    /* 程序结束 */
11  }
```

程序运行结果如图 6-1-3 所示。

◆ 图 6-1-3　实例 6-1-1 运行结果

3. 指针变量的引用

引用指针变量是对变量进行间接访问的一种形式。指针变量的引用形式为：

```
*指针变量
```

实例 6-1-2：利用指针编写程序，将两个数予以交换。

本实例定义一个 swap 函数，要求它的参数是指针类型，所要实现的功能是将两个数进行交换。具体代码如下：

```
01  #include<stdio.h>                          /* 包含头文件 */
02  void swap(int *a,int *b)                    /* 自定义交换函数 */
03  {
04      int t=*a;                               /* 实现两数交换 */
05      *a=*b;
06      *b=t;
07  }
08  int main()                                  /* 主函数 main*/
09  {
10      int x=10,y=5;                           /* 定义变量并对其初始化 */
11      swap(&x,&y);                            /* 调用函数实现两数交换值 */
12      printf(" 交换数据是：x=%d,y=%d\n",x,y);  /* 输出交换后的值 */
13      return 0;                               /* 程序结束 */
14  }
```

程序运行结果如图 6-1-4 所示。

◆ 图 6-1-4　实例 6-1-2 运行结果

4. 运算符 "&" 和 "*"

运算符 & 是一个返回操作数地址的单目运算符，也叫取地址运算符，例如：

p=&i;

就是将 i 的内存地址赋值给 p，这个地址是该变量在计算机内部的存储位置。

运算符 * 是单目运算符，也叫指针运算符，作用是返回指定的地址内的变量的值。例如：

q=*p;

如果 p 中装有变量 i 的内存地址，则变量 i 的值赋给 q，假设变量 i 的值是 5，则 q 的值也是 5。

5. "&*" 和 "*&" 区别

"&" 和 "*" 运算符优先级别相同，按自右而左的方向结合。

```
int a;
p=&a;
```

"&*p" 先进行 "*" 运算，"*p" 相当于变量 a, 再进行 "&" 运算，"&*p" 相当于取变量 a 的地址。

"*&a" 先进行 "&" 运算，"&a" 就是取变量 a 的地址，然后执行 "*" 运算，"*&a" 相当于取变量 a 所在地址的值，实际就是变量 a。

例如：

实例 6-1-3：输出 i、j、c 的地址。

本实例定义了 3 个指针变量 i、j、c，计算 "c=i+j"，计算后使用 "&*" 分别输出 i、j、c 的地址值，具体代码如下：

```
01   #include<stdio.h>                      /* 包含头文件 */
02   int main()                             /* 主函数 main*/
03   {
04       long i,j,c;                         /* 定义变量 */
05       long *p,*q,*n;                       /* 定义指针变量 */
06       printf("please input the numbers:\n");   /* 提示用户输入数据 */
07       scanf("%ld,ld",&i,&j);               /* 输入数据 */
08       c=i+j;                              /* 实现两数相加 */
09       p=&i;                               /* 将地址赋给指针变量 */
10       q=&j;
11       n=&c;
12       printf("%ld\n",&*p);                 /* 输出变量 i 的地址 */
13       printf("%ld\n",&*q);                 /* 输出变量 j 的地址 */
14       printf("%ld\n",&*n);                 /* 输出变量 c 的地址 */
15       return 0;
16   }                                       /* 程序结束 */
```

程序运行结果如图 6-1-5 所示。

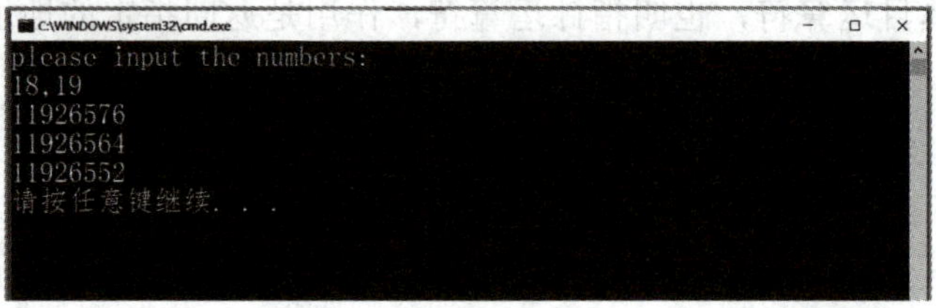

◆ 图 6-1-5　实例 6-1-3 运行结果

拓展训练一：

某工程队修一条公路，第一天修 600 米，第二天修全长的 20%，第三天修全长的 25%，这三天共修全长的 75%，求这条公路全长为多少米？编写程序计算并输出此公路总长变量的内存地址。

6.1.3　指针的自增自减运算

指针的自增自减运算不同于普通变量的自增自减运算，也就是说并非简单地加 1 或减 1。例如：基本整型变量 i 在内存中占 4 个字符，假设指针 p 是指向变量 i 的地址，那么 p++ 不是简单地在地址上加 1，而是指向下一个存放基本整型变量的地址。

实例 6-1-4：指针自增。

本实例定义一个指针变量，将这个指针进行自增运算，利用 printf 函数输出该指针变量的值，具体代码如下：

```
01  #include<stdio.h>
02  void main()
03  {
04      int i;
05      int *p;
06      printf("please input the number:\n");
07      scanf("%d",&i);
08      p=&i;                       /* 将变量 i 的地址赋给指针变量 */
09      printf("the result1 is: %d\n",p);
10      p++;                        /* 地址加 1，这里的 1 并不代表一个字节 */
11      printf("the result2 is: %d\n",p);
12  }
```

程序运行结果如图 6-1-6 所示。

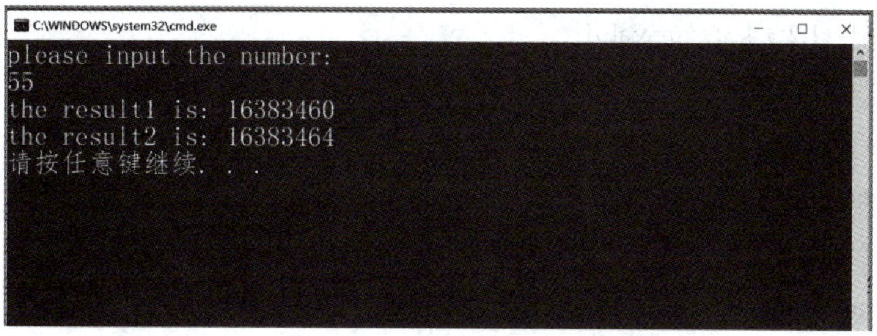

◆ 图 6-1-6　实例 6-1-4 运行结果

指针是按照它所指向的数据类型的直接长度进行增或减。可以将实例 6-1-4 用图 6-1-7 表示。

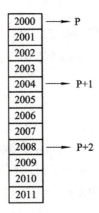

◆ 图 6-1-7　指向整型变量的指针

拓展训练二：

利用指针统计"I deeply love China."的单词个数。

 6.2　指针与一维数组

指针与一维
数组介绍

6.2.1　指针与一维数组的关系

数组是最基本的构造类型，是相同类型数据的有序集合。数组中的元素按顺序存放在地址连续的内存单元中，每一个数组元素都有各自的地址，数组名是数组首元素的地址。对数组元素的访问，可以使用下标，也可以使用指针变量，移动指针可以指向数组中的任意一个元素。

实例 6-2-1： 访问数组元素的四种等价方式。

```
01  #include<stdio.h>
02  int main()
03  {
04    int i,a[5]={1,2,3,4,5}, *p=&a[0];
05    printf("\na[i]  : ");
06    for(i=0;i<5;i++)              /* 常规下标法访问数组元素 */
07      printf("%3d",a[i]);
08    printf("\n*(a+i): ");
09    for(i=0;i<5;i++)              /* 数组名作为指针访问数组元素 */
10      printf("%3d",*(a+i));
11    printf("\np[i]  : ");
12    for(i=0;i<5;i++)              /* 指针变量下标法访问数组元素 */
```

```
13     printf("%3d",p[i]);
14     printf("\n*(p+i): ");
15     for(i=0;i<5;i++)                /* 使用指针变量访问数组元素 */
16        printf("%3d",*(p+i));
17     return 0;
18  }
```

程序运行结果如图 6-2-1 所示。

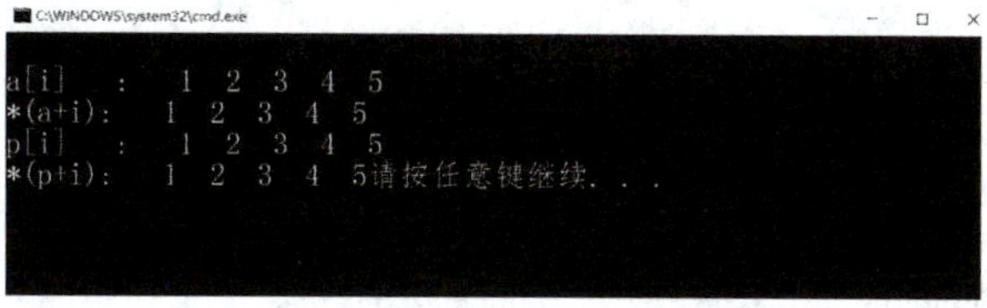

◆ 图 6-2-1　实例 6-2-1 运行结果

6.2.2　一维数组与指针的定义

当定义一个一维数组时，系统会在内存中为该数组分配一个存储空间，其数组的名称就是数组在内存中的首地址，若再定义一个指针变量，并将数组的首地址传递给指针变量，则该指针就指向了这个一维数组。例如：

```
int *p，a[10];
p=a;
```

这里 a 是数组名，也就是数组的首地址，将它赋给指针变量 p，也就是将数组 a 的首地址赋给 p。也可以写成如下形式：

```
int *p，a[10];
p=&a[0];
```

上面的语句是将数组 a 中的首个元素的地址赋给指针变量 p，由于 a[0] 的地址就是数组的首地址，因此两条赋值操作效果完全相同。

实例 6-2-2：输出数组中的元素。

本实例是使用指针变量输出数组中的每个元素，具体代码如下：

```
01  #include<stdio.h>
02  void main()
03  {
04     int *p,*q,a[5],b[5],i;
05     p=&a[0];
```

```
06    q=b;
07    printf("please input array a:\n");
08    for(i=0;i<5;i++)
09        scanf("%d",&a[i]);                    /* 为数组 a 中的元素赋初值 */
10    printf("please input array b:\n");
11    for(i=0;i<5;i++)
12        scanf("%d",&b[i]);                    /* 为数组 b 中的元素赋初值 */
13    printf("array a is:\n");
14    for(i=0;i<5;i++)
15        printf("%5d",*(p+i));                 /* 输出数组 a 中的元素 */
16    printf("\n");
17    printf("array b is:\n");
18    for(i=0;i<5;i++)
19        printf("%5d",*(q+i));                 /* 输出数组 b 中的元素 */
20    printf("\n");
21 }
```

程序运行结果如图 6-2-2 所示。

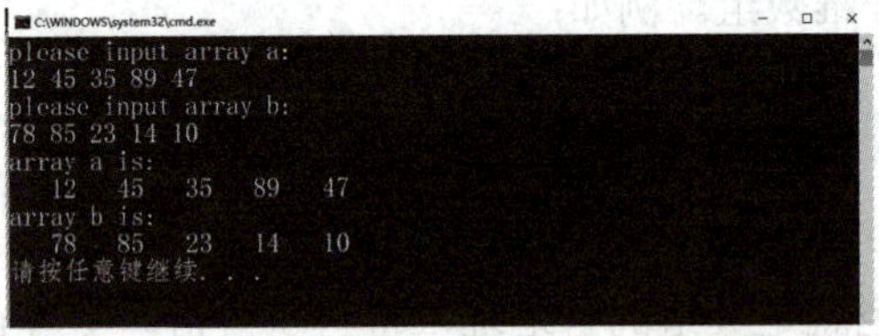

◆ 图 6-2-2　实例 6-2-2 运行结果

说明：

(1) 本实例中第 5 行和第 6 行的语句为：

```
05    p=&a[0];
06    q=b;
```

以上这两种表示方法都是将数组首地址赋给指针变量。

(2) p+n 与 a+n 表示数组元素 a[n] 的地址，即 &a[n]。对数组 a 来说，共有 5 个元素，n 的取值为 0 ~ 4，则数组元素的地址就可以表示为 p+0 ~ p+4 或 a+0 ~ a+4。

(3) 表示数组中的元素用到了前面介绍的数组元素的地址，用 *(p+n) 和 *(a+n) 来表示数组中的各元素。

实例 6-2-2 中第 15 行的语句为：

```
15  printf("%5d",*(p+i));
```

实例 6-2-2 中第 19 行语句为:

```
19  printf("%5d",*(q+i));
```

上述两条语句分别表示输出数组 a 和数组 b 中对应的元素。

实例 6-2-2 中使用指针指向一维数组及通过指针引用数组元素的过程可以通过图 6-2-3 和图 6-2-4 来表示。

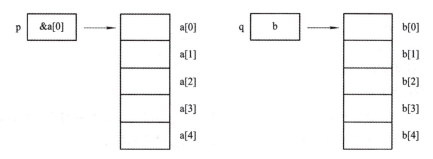

◆ 图 6-2-3　指针指向一维数组

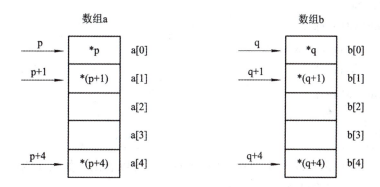

◆ 图 6-2-4　通过指针引用数组元素

在 C 语言中,可以用 a+n 表示数组元素的地址。*(a+n) 表示数组元素,这样就可以将实例 6-2-2 中的程序第 13 行到第 20 行代码改成下列形式 1:

```
13  printf("array a is:\n");
14  for(i=0;i<5;i++)
15      printf("%5d",*(a+i));
16  printf("\n");
17  printf("array b is:\n");
18  for(i=0;i<5;i++)
19      printf("%5d",*(b+i));
20  printf("\n");
```

程序运行的结果与实例 6-2-2 的运行结果相同。

表示指针的移动可以使用"++"和"--"两个运算符，利用"++"运算符可将程序的第 13 行到第 20 行的代码改写成下列形式 2：

```
13  printf("array a is:\n");
14  for(i=0;i<5;i++)
15      printf("%5d",*p++);
16  printf("\n");
17  printf("array b is:\n");
18  for(i=0;i<5;i++)
19      printf("%5d",*q++);
20  printf("\n");
```

还可将实例 6-2-2 代码再进一步改写，运行结果仍相同，在上面修改后的基础上修改实例 6-2-2 程序的第 7 行到第 12 行代码，修改后的程序代码如下列形式 3：

```
7   printf("please input array a:\n");
8   for(i=0;i<5;i++)
9       scanf("%d",p++);
10  printf("please input array b:\n");
11  for(i=0;i<5;i++)
12      scanf("%d",q++);
    p=a;
    q=b;
```

将上述形式 3 中的程序与实例 6-2-2 程序对比，可以看出，如果在输出数组元素时需要使用指针变量，则需加上如下两条语句：

```
p=a;
q=b;
```

这两条语句的作用是将指针变量 p 和 q 重新指向数组 a 和数组 b 在内存中的起始位置。若没有这两条语句，而直接使用 *p++ 的方法进行输出，就会产生错误。

拓展训练三：

使用指针寻找字符串"how are you,and i am fine,do you know?"中","的位置。

6.3　指针与二维数组

指针与二维数组介绍

6.3.1　指针与二维数组的关系

与一维数组相同，二维数组在内存中也是连续存储的。设有定义 int a[3][3]，假设 a[0][0]

的地址为 2000，数组中各元素的首地址如图 6-3-1 所示。

a[0][0] 2000	a[0][1] 2004	a[0][2] 2008
a[1][0] 2012	a[1][1] 2016	a[1][2] 2020
a[2][0] 2024	a[2][1] 2028	a[2][2] 2032

◆ 图 6-3-1　二维数组各元素的首地址

可以从图 6-3-1 中看出，a 数组中的元素从地址 2000 开始按照行的顺序连续存放在内存中。在 C 语言中，二维数组被看成一维数组的一维数组，二维数组的每一行都被看作是一个一维数组，其数组名分别为 a[0]、a[1] 和 a[2]，如图 6-3-2 所示。

a[0]→	a→	a[0][0] 2000	a[0][1] 2004	a[0][2] 2008
a[1]→	a+1→	a[1][0] 2012	a[1][1] 2016	a[1][2] 2020
a[2]→	a+2→	a[2][0] 2024	a[2][1] 2028	a[2][2] 2032

◆ 图 6-3-2　二维数组被看作一维数组的一维数组

二维数组名代表二维数组首元素的地址，由于二维数组的元素被看作为一维数组的一维数组，故数组 a[3][3] 可分解为 3 个一维数组，分别是 a[0]、a[1]、a[2]。每一个一维数组又含有 3 个元素，如 a[0] 数组含有 a[0][0]、a[0][1]、a[0][2] 3 个元素。数组及数组元素的地址表示如下：a 是二维数组名，也是二维数组 0 行的首地址，等于 2000。a[0] 是第一个一维数组的数组名和首地址，因此也为 2000。*(a+0) 或 *a 是与 a[0] 等效的，它表示一维数组 a[0] 的 0 号元素的首地址，也为 2000。&a[0][0] 是二维数组 a 的 0 行 0 列元素的首地址，同样是 2000。因此 a、a[0]、*(a+0)、*a、&a[0][0] 都是相等的。同理 a+i、a[i]、*(a+i)、&a[i][0] 也都是相等的，此外 &a[i] 和 a[i] 也是相等的，因为在二维数组中不能把 &a[i] 理解为元素 a[i] 的地址，所以不存在元素 a[i]。

另外，a[0] 也可以看成是 a[0]+0，是一维数组 a[0] 的 0 号元素的首地址，而 a[0]+1 则是 a[0] 的 1 号元素首地址，由此得出 a[i]+j 是一维数组 a[i] 的 j 号元素首地址，它等于 &a[i][j]。

实例 6-3-1：用二维数组名的方式访问 a[1][2] 的常见方式的具体实现代码如下：

```
01  #include<stdio.h>

02  int main()
```

```
03  {
04      int a[3][3]={1,2,3,4,5,6,7,8,9};
05      printf("a[1][2]=%d\n", a[1][2]);
06      printf("*(a[1]+2)=%d\n",*(a[1]+2));
07      printf("*(*(a+1)+2)=%d\n",*(*(a+1)+2));
08      return 0;
09  }
```

程序运行结果如图 6-3-3 所示。

◆ 图 6-3-3 实例 6-3-1 运行结果

6.3.2 指向二维数组元素的指针

二维数组的各个元素在内存中是连续存放的，存放方式与一维数组并无区别，可以将二维数组当做一维数组进行处理，指针变量指向二维数组某元素的格式如下：

> 指针变量名 =& 二维数组 [行下标][列下标]
>
> 指针变量名 =* 二维数组名
>
> 指针变量名 = 二维数组 [行下标]

当行下标和列下标均为 0 时，指针变量指向二维数组首元素的地址，引用该数组元素的方法是：

> * 指针变量

实例 6-3-2：将输入的数以二维数组显示。

输入 15 个整型数据，将这些数据以 3 行 5 列的二维数组的形式显示。具体代码如下：

```
01  #include<stdio.h>
02  void main()
03  {
04      int a[3][5], *p,i,j;
05      printf("please input:\n");
06      for(i=0;i<3;i++)                /* 控制二维数组的行数 */
07          for(j=0;j<5;j++)            /* 控制二维数组的列数 */
```

```
08              scanf("%d",&a[i][j]);          /* 给二维数组元素赋初值 */
09         p=&a[0][0];
10         printf("the array is:\n");
11         for(i=0;i<15;i++){
12              printf("%5d",*(p+i));          /* 输出二维数组中元素 */
13              if((i+1)%5==0)
14                  printf("\n");}
15      }
```

程序运行结果如图 6-3-4 所示。

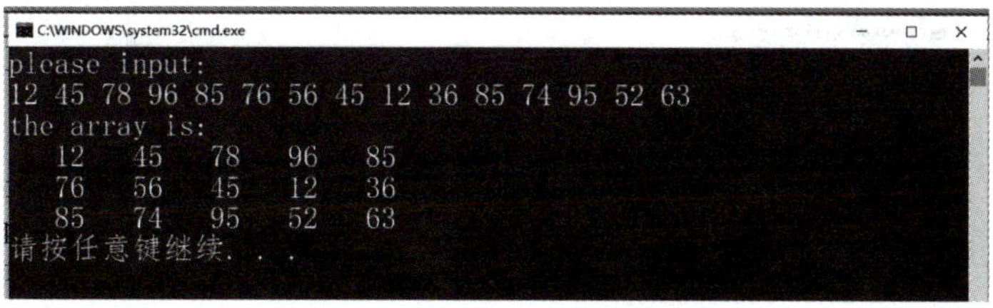

◆ 图 6-3-4　实例 6-3-2 运行结果

拓展训练四：

某校班级有 5×5 个座位，输出位置最好的一行座位号。（提示：第 2 行最受欢迎）

6.3.3　指向二维数组的行指针变量

由于二维数组的每一行都被视为一个一维数组，所以可以定义一个指针来指向每一行的一维数组，则行指针变量是指向一行数组元素的起始地址。声明行指针变量的一般格式为：

类型名 (* 指针变量名)[n]

其中：类型名为指针变量名所指向数组的数据类型。n 表示由一个二维数组分解为多个一维数组的长度，也就是所指向的二维数组的列数。格式中，()、* 和 [n] 都不可省略。

注意：行指针变量用于指向一行数组元素的起始地址，而非数组中的元素。定义行指针变量以后，只要将二维数组的首地址赋给行指针变量，则行指针变量就与二维数组建立了联系，二维数组也就成为行指针变量指向的对象。此时，就可以用指针法访问该二维数组的元素了。

实例 6-3-3：行指针变量访问二维数组示例。

```
01 #include<stdio.h>
02 #define row 3
03 #define col 4
04 int main()
05 {   int a[row][col]={1,2,3,4,5,6,7,8,9,10,11,12};
```

```
06      int (*p)[col]=a;                    /* 定义行指针 p，并指向数组 a */
07      int i,j;
08      for(i=0;i<row;i++)
09        for(j=0;j<col;j++)
10          printf("%3d",*(*(p+i)+j));      /* 可以在此处替换访问 a[i][j] 的方式 */
11      printf("\n");
12      return 0;
13  }
```

程序运行结果如图 6-3-5 所示。

◆ 图 6-3-5　实例 6-3-3 运行结果

实例 6-3-4：将停车场的第 2 行停车号输出。

某停车场有 3×3 个停车位，利用指针将第 2 行的停车号输出，具体代码如下：

```
01  #include<stdio.h>
02  void main()
03  {
04      int a[3][3],i,j;
05      printf("please input:\n");
06      for(i=0;i<3;i++)                    /* 控制二维数组的行数 */
07        for(j=0;j<3;j++)                  /* 控制二维数组的列数 */
08          scanf("%d",*(a+i)+j);           /* 为二维数组中的元素赋值 */
09      printf("the second line is:\n");
10      for(j=0;j<3;j++)
11        printf("%5d",*(*(a+1)+j));        /* 输出二维数组中的元素 */
12      printf("\n");
13  }
```

程序运行结果如图 6-3-6 所示。

◆ 图 6-3-6　实例 6-3-4 运行结果

实例 6-3-5：求每个学生的总分与平均成绩。

有 5 名学生，每人有 3 门考试成绩，计算每个学生的总分与平均成绩。查找有 1 门及 1 门以上课程不及格的学生，并输出这些学生的全部课程成绩。

```c
01 #include <stdio.h>
02 average(int student[5][6])
03 {    int i,j;
04      printf(" 学号    数学    英语    计算机    总分    平均分 \n");
05      for(i=0;i<5;i++)
06      {    student[i][4]=student[i][1]+student[i][2]+student[i][3];        /* 总分 */
07           student[i][5]=student[i][4]/3;                /* 平均分 */
08      }
09      for(i=0; i<5;i++)
10      {    for(j=0;j<6;j++)
11               printf("%-12d", student[i][j]);        /* 打印数组的元素 */
12           printf("\n");
13      }
14 }
15 search(int (*p1)[6],int n)                /* 查找成绩不及格学生函数 */
16 {    int i,j,flag;
17      printf("\n 有一门以上课程成绩不及格的学生如下 :\n");
18      for(i=0;i<n;i++)                /* n=5, 对 5 个学生 3 门课程进行查找 */
19      {    flag=0;                /* 用 flag 标记，若成绩 <60, flag=1*/
20           for(j=1;j<4;j++)
21               if(*(*(p1+i)+j)<60)
22                   flag=1;                /* *(*(p1+i)+j 就是 score[i][j]*/
23           if(flag==1)
24           for(j=0;j<6;j++)                /* 用循环输出该行 6 个数 */
25               printf("%-12d",*(*(p1+i)+j));
26           printf("\n");
27      }
28 }
29 int main()
30 {    int score[5][6]={{201101,78,93,82},{201102,67,83,72},{201103,55,83,62},{201104,65,59,70},
                 {201105,80,78,90}};
31      average(score);                /* 调用求平均分函数 */
32      search(score,5);                /* 调用查找并输出有成绩不及格学生的函数 */
33      return 0;
34 }
```

程序运行结果如图 6-3-7 所示。

◆ 图 6-3-7　实例 6-3-5 运行结果

 6.4　指针与字符串

指针与字符串介绍

6.4.1　字符串与字符指针

字符串操作是数据处理中常见的操作。在 C 语言中，可以使用字符指针来操作字符串，相比使用字符数组操作字符串，前者更加便利。

在 C 语言中，字符串有两种表示方式：字符数组或字符指针。

字符数组的表示方式如下：

```
char str[]="Visual C++2010";
puts(str);
```

在这种表示方式中，str 是数组名，也是指向字符串的指针。除了在定义字符数组时可以将字符串整体以赋值的形式存储到数组中之外，在其他位置的代码中使用 "str="Visual C++ 2010";" 语句都是错误的。

字符指针的表示方式如下：

```
char *str="hello";
puts(str);
```

字符串 "hello" 在内存中以字符数组形式存储，语句 "char * str="hello";" 的含义是指针 str 指向字符串 "hello" 的首字符，这里的 "=" 号表示将字符串 "hello" 的第一个字符的地址赋给 str。

实例 6-4-1：利用指针实现字符串复制。

本实例中，在不使用 strcpy 函数的情况下，利用指针实现字符串复制功能，具体代码如下：

```
01  #include<stdio.h>
02  void main()
```

```
03  {
04      char str1[]="you are beautiful",str2[30],*p1,*p2;
05      p1=str1;
06      p2=str2;
07      while(*p1!='\0')
08      {
09        *p2=*p1;
10        p1++;                  /* 指针移动 */
11        p2++;
12      }
13      *p2='\0';               /* 在字符串的末尾加结束符 */
14      printf("Now the string2 is:\n");
15      puts(str2);             /* 输出字符串 */
16  }
```

程序运行结果如图 6-4-1 所示。

◆ 图 6-4-1　实例 6-4-1 运行结果

从实例 6-4-1 代码和运行结果可以看出：该实例中定义了两个指向字符型数据的指针变量。首先使指针变量 p1 和 p2 分别指向字符串 str1 和字符串 str2 的第一个字符的地址。再将 p1 所指向的内容赋给 p2 所指向的元素，然后使 p1 和 p2 分别加 1，即指向下一个元素，如此反复循环，直到 *p1 的值为 "\0" 为止。

6.4.2　使用字符数组与字符指针处理字符串的区别

虽然字符数组和字符指针都可以用于处理字符串，但二者之间还是有区别的。

(1) 赋值方法不同。如下面给字符指针赋值的方法是正确的：

```
char *str;
str="hello";
```

其含义是字符指针指向字符串 "hello" 的首地址。而下面字符数组的赋值方法是错误的：

```
char str [10];
str="hello";
```

因为字符数组名 str 为一常量地址，不能被赋值。

(2) 系统为其分配内存单元的方法不同。字符数组被定义以后，系统为其分配一段连续的内存单元，字符数组名为这段连续内存单元的首地址；而字符指针变量被定义以后，系统为其分配一个存放指针值 (地址) 的内存单元，其指向的对象并不明确，即下面的用法是错误的：

```
char *str;
scanf("%s",str);
```

而下面的字符数组的用法是正确的：

```
char str[10];
scanf("%s",str);
```

但字符指针一旦指向某个具体对象，就可以用于输入了，下面的用法是正确的：

```
char a[10],*str=a;
scanf("%s",str);
```

(3) 修改 (地址) 的方法不同。字符指针的值 (地址) 可以被反复修改，也就是可以通过修改其值使其可以指向字符串中的任意位置；但字符数组名只能被引用，而不能被修改。例如：

```
char a[25]=char a[25]="c language programming!",*str=a;
str =a+2;
puts(str);
str =str+9;
puts(str);
printf("%c",*str);
```

6.4.3　字符串数组

字符数组是一个一维数组，而字符串数组是一个将字符串作为数组元素的数组，可视其为一个二维字符数组。例如下面定义一个简单的字符串数组，代码如下：

```
01  char country[5][20]=
02  {
03    "China",
```

```
04      "Japan",
05      "Ruassia",
06      "Germany",
07      "Switzerland"
08 }
```

字符串数组变量 country 被定义为含有 5 个字符串的数组，每个字符串的长度要小于20(这里要考虑字符串最后的 '\0')。

通过观察上面定义的字符串数组可以发现，像"China"和"Japan"这样的字符串的长度仅为 5，加上字符串结束符其长度也仅为 6，而内存中却要给它们分别分配一个 20 字节的空间，这样就会造成资源浪费。为了解决这个问题，可以使用指针数组，使每个指针指向所需要的字符常量。这种方法虽然需要在数组中保存字符指针，而且也占用空间，但要远少于字符串数组需要的空间。

一维指针数组的定义形式如下：

类型名 ＊数组名 [数组长度]

实例 6-4-2：输出 12 个月的月份。

本实例定义了一个指针数组，并且为这个指针数组赋初值，将 12 个月份输出，具体代码如下：

```
01 #include<stdio.h>
02 void main()
03 {
04     int i;
05     char *month[]=
06     {
07         "January",
08         "February",
09         "March",
10         "April",
11         "May",
12         "June",
13         "July",
14         "August",
15         "September",
16         "October",
17         "November",
```

```
18      "December"
19    };
20    for(i=0;i<12;i++)
21      printf("%s\n",month[i]);
22  }
```

程序运行结果如图 6-4-2 所示。

```
C:\WINDOWS\system32\cmd.exe
January
February
March
April
May
June
July
August
September
October
November
December
请按任意键继续. . . .
```

◆图 6-4-2   实例 6-4-2 运行结果

拓展训练五：

小学六年级英语期末考试，有一题是根据汉语填写英语，汉语题目是语文、数学、英语、化学、生物、物理，填写的英语分别为 Chinese、Math、English、 Chemistry、Biology、Physics，请用字符串数组输出填写的英文。

6.5　指针与函数

6.5.1　指针作函数的参数

指针与函数介绍

指针作为函数的形参时，在形参说明时需要使用格式"类型名 * 指针名"。* 号不能省略，而在函数定义的说明部分，* 号的作用是类型说明符。

实例 6-5-1：指针作为形参的函数调用。

```
01  #include<stdio.h>
02  void changeA(int *);              /* 函数声明 */
03  int main()
04  {
05      int a=10,*pa=&a;
06      printf(" 调用前： pa=%x,a=%d\n",pa,a);
07      changeA(pa);                  /* 函数调用 */
08      printf(" 调用后： pa=%x,a=%d\n",pa,a);
```

```
09      return 0;
10 }
11 void changeA(int *p)                /* 函数定义 */
12 {
13      int b;
14      *p =*p+*p;                     /* 操作 p 所指向的变量 */
15      p=&b;                          /* p 指向 b */
16      printf(" 在函数中：p=%x\n",p);
17 }
```

程序运行结果如图 6-5-1。

◆ 图 6-5-1　实例 6-5-1 运行结果

说明： 在 main 函数中调用函数 changeA 时，将实参 pa 的值传递给形参 p，p 和 pa 都指向变量 a，*p=*p+*p 等价于 a=a+a，结果是将 a 的值修改为 20，然后 p 指向 b。分析程序运行结果的第一行和第三行可以知道，在函数内通过 p 访问 a 的操作改变了函数外变量 a 的值；分析程序运行结果的第二行和第三行可以知道，函数内对 p 的操作，与函数外的变量 pa 无关。运行结果中的 pa 和 p 的值在不同的 C 语言编译器中可能会有所不同。

第二行代码"void changeA(int *)"的作用是函数声明，其中 * 号不能省略，它的作用是说明 changeA 函数的形参为 int 类型的指针变量。

指针作为函数参数，在被定义、声明和调用时，数据类型都必须一致，如果不一致，编译就会报错。

指针作为函数的形参时，函数中可以修改指针所指向的对象，利用这个特性，一个函数可以获得多个返回值，只要在定义这个函数时使用多个指针变量作为形参即可。

实例 6-5-2： 将输入的 3 个数从大到小输出。

本实例使用嵌套函数实现相关功能，在定义的排序函数中嵌套了自定义交换函数，实现了数据按从大到小进行排序的功能，具体代码如下：

```
01 #include<stdio.h>
02 void swap(int *p1, int *p2)              /* 自定义交换函数 */
03 {
04      int temp;
05      temp = *p1;
06      *p1 = *p2;
```

```
07        *p2 = temp;
08    }
09    void exchange(int *pt1, int *pt2, int *pt3)      /*3 个数由大到小排序 */
10    {
11        if (*pt1 <  *pt2)
12            swap(pt1, pt2);                           /* 调用 swap 函数 */
13        if (*pt1 <  *pt3)
14            swap(pt1, pt3);
15        if (*pt2 <  *pt3)
16            swap(pt2, pt3);
17    }
18    void main()
19    {
20        int a, b, c, *q1, *q2, *q3;
21        puts("Please input three key numbers you want to rank:");
22        scanf("%d,%d,%d", &a, &b, &c);
23        q1 = &a;                                      /* 将变量 a 地址赋给指针变量 q1*/
24        q2 = &b;
25        q3 = &c;
26        exchange(q1, q2, q3);                         /* 调用 exchange 函数 */
27        printf("\n%d,%d,%d\n", a, b, c);
28    }
```

程序运行结果如图 6-5-2 所示。

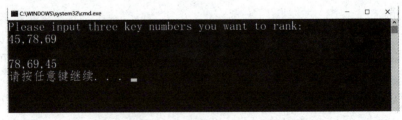

◆ 图 6-5-2　实例 6-5-2 运行结果

从该实例代码和运行结果可以看出：

(1) 程序创建了一个自定义函数 swap，用于实现交换两个变量的值；还创建了一个 exchange 函数，其作用是将 3 个数由大到小排序，在 exchange 函数中还调用了前面自定义的 swap 函数，这里的 swap 和 exchange 函数都是以指针变量作为形式参数的。

(2) 程序运行时，通过键盘输入 3 个数并保存在变量 a、b、c 中，分别将 a、b、c 的地址赋予 q1、q2、q3，调用 exchange 函数，将指针变量作为实际参数，将实际参数变量的值传递给形式参数变量，此时 q1 和 pt1 都指向变量 a，q2 和 pt2 都指向变量 b，q3 和 pt3 都指向变量 c，在 exchange 函数中又调用了 swap 函数，当执行 swap(pt1,pt2) 时，pt1 也指向了变量 a，pt2 也指向了变量 b。

实例 6-5-3：使用指针实现冒泡排序。

```
01 #include<stdio.h>
02 void order(int *p,int n)
03 {
04     int i,t,j;
05     for(i=0;i<n-1;i++)
06       for(j=0;j<n-1-i;j++)
07         if(*(p+j)>*(p+j+1))              /* 判断相邻两个元素的大小 */
08         {
09             t=*(p+j);
10             *(p+j)=*(p+j+1);
11             *(p+j+1)=t;                  /* 借助中间变量 t 进行值互换 */
12         }
13     printf(" 排序后的数组 :");
14     for(i=0;i<n;i++)
15     {
16       if(i%5==0)                         /* 以每行 5 个元素的形式输出 */
17         printf("\n");
18       printf("%5d",*(p+i));              /* 输出数组中排序后的元素 */
19     }
20     printf("\n");
21 }
22 void main()
23 {
24     int a[20],i,n;
25     printf(" 请输入数组元素的个数 :\n");
26     scanf("%d",&n);                      /* 输入数组元素的个数 */
27     printf(" 请输入各个元素 :\n");
28     for(i=0;i<n;i++)
29       scanf("%d",a+i);                   /* 给数组元素赋初值 */
30     order(a,n); }                        /* 调用 order 函数 *
```

程序运行结果如图 6-5-3 所示。

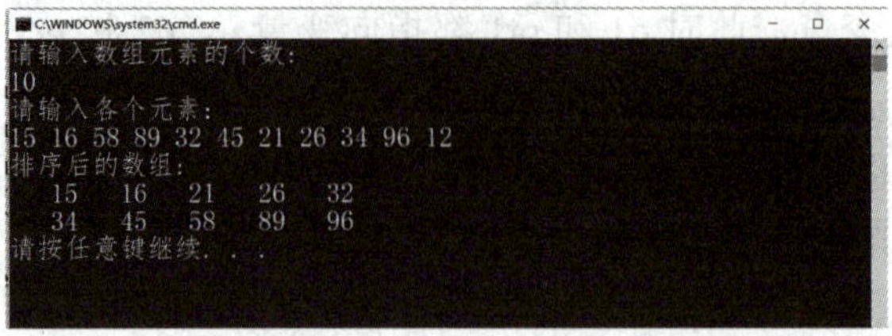

◆ 图 6-5-3 实例 6-5-3 运行结果

拓展训练六：

大福源超市的员工重新摆放水果区的水果，店长要求按照水果名称的升序进行摆放，水果名称及其单价如下：

苹果 (apple)3.50 元、橘子 (tangerine)2.50 元、柚子 (grapefriu)3.00 元、橙子 (orange)2.99元、菠萝 (pineapple)4.99 元、葡萄 (grape)5.00 元。

编写程序，按照水果英文名称的首字母升序将水果输出。

6.5.2 返回指针值的函数

一个函数可以返回一个整型值、字符值、实型值等，也可以返回指针型的数据 (指针值)，即地址，返回指针值的函数简称为指针函数。

定义指针函数的一般形式为：

类型名 * 函数名 (参数列表)

如：

int *max(int n)

其中 max 是函数名，n 是函数 max 的形参，函数名前面的 * 表示调用该函数后返回一个指向整型数据的指针 (地址)。

实例 6–5–4：求长方形的周长。

在本实例中输入长方形的长、宽，计算长方形的周长。具体代码如下：

```
01  #include <stdio.h>
02  int per(int a,int b);
03  void main()
04  {
05      int iWidth,iLength,iResult;
06      printf(" 请输入长方形的长 :\n");
07      scanf("%d",&iLength);
08      printf(" 请输入长方形的宽 :\n");
09      scanf("%d",&iWidth);
10      iResult=per(iWidth,iLength);
```

```
11        printf(" 长方形的周长是 :");
12        printf("%d\n",iResult);
13 }
14 int per(int a,int b)
15 {
16        return (a+b)*2;
17 }
```

程序运行结果如图 6-5-4 所示。

◆ 图 6-5-4   实例 6-5-4 运行结果

实例 6-5-4 中自定义了一个 per 函数，用来求长方形的面积。下面来看一下在实例 6-5-4 的基础上如何使用返回值为指针的函数。

```
01 #include <stdio.h>
02 int *per(int a,int b);
03 int perimeter;
04 void main()
05 {
06        int iWidth,iLength;
07        int *iresult;
08        printf(" 请输入长方形的长 :\n");
09        scanf("%d",&iLength);
10        printf(" 请输入长方形的宽 :\n");
11        scanf("%d",&iWidth);
12        iresult=per(iWidth,iLength);
13        printf(" 长方形的周长是 :");
14        printf("%d\n",*iresult);
15 }
16 int *per(int a,int b)
17 {
18        int *p;
19        p=&perimeter;
20        perimeter=(a+b)*2;
21        return p;
22 }
```

程序中自定义了一个返回指针值的函数：

```
int *per(int x,int y)
```

该函数将指向存放着所求长方形周长的变量的指针值予以返回。

注意：这个程序本身并不需要写成这种形式，因为对该问题使用这种方式编写程序并不简便。这样写只是为了讲解如何使用返回值为指针的函数。

实例 6-5-5：求一维数组各元素中的最大值。

```
01  #include<stdio.h>
02  int main(){
03      int *p;
04      int *max(int n);                        /* 声明指针函数 */
05      p=max(8);                               /* max 函数返回最大值的地址 */
06      printf(" 最大值是：%d\n",*p);          /* 输出最大值 */
07      return 0;
08  }
09  int *max(int n){                            /* 定义指针函数 */
10      static int a[]={13,24,38,27,11,9,36,18};  /* 定义并初始化数组 */
11      int i,m=0;
12      for(i=1;i<n;i++)                        /* 找最大值 */
13          if(a[m]<a[i])
14              m=i;                            /* m 为最大值元素的下标 */
15      return &a[m];                           /* 返回最大值元素的地址 */
16  }
```

程序运行结果如图 6-5-5 所示。

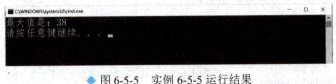

◆ 图 6-5-5　实例 6-5-5 运行结果

拓展训练七：

师徒二人合作生产一批零件，徒弟生产了 9 个零件，比师傅少生产 21 个，计算这批零件一共有多少个？将求得的零件个数利用指针返回。

6.5.3　指向函数的指针

函数和数组一样，经系统编译后，其目标代码在内存中连续存放，其名字本身就是一个地址，是函数的入口地址。C 语言中，指针可以指向变量，也可以指向函数。

指向函数的指针的定义格式为：

类型名 (* 指针变量名)(参数表);

其中，类型名是函数返回值的类型，参数表是函数指针所指向函数的所有形参。例如：

int (*pc)(int,int);

其中，pc 为指向函数的指针，所指函数有两个整型参数，其返回值为整型，如果目标函数没有返回值，则定义格式为 void(*pc)()。

定义了指向函数的指针以后，必须将一个函数名 (函数的入口地址) 赋给函数指针，然后才能用函数指针间接调用该函数。如：

int (*pc)(int,int);	/* 定义指向函数的指针 pc，限定 pc 所指函数有两个整型参数 */
int ave(int a,int b);	/* 声明有两个整型参数的函数 */
pc=ave;	/* 指针 pc 指向函数 ave*/

指向函数的指针对函数的调用格式如下：

(* 指针变量名)(实参表);

如：

(*pc)(a, b);　　　　　　　　/* 调用 pc 所指函数，a、b 为实参 */

实例 6-5-6：指向函数的指针和指向函数的指针数组。

```
01  #include<stdio.h>
02  int max(int a,int b)        /* 定义求最大值函数 */
03  {    return a>b?a:b; }
04  int min(int a,int b)        /* 定义求最小值函数 */
05  {    return a>b?b:a; }
06  int ave(int a,int b)         /* 定义求平均值函数 */
07  {    return (a+b)/2; }
08  void main()
09  {    int a=10,b=15,c;
10       int (*pc)(int,int);    /* 定义指向函数的指针 pc，限定 pc 所指函数有两个整型参数 */
11       int (*p[2])();         /* 定义指向函数的指针数组 p，不限定所指函数的参数 */
12       pc=ave;                /* pc 指向 ave 函数 */
13       p[0]=max;              /* p[0] 指向 max 函数 */
14       p[1]=min;              /* p[1] 指向 min 函数 */
15       c=(*pc)(a,b);          /* 调用 pc 所指函数，需要给出实参 */
```

```
16    printf(" 平均值是：%d\n",c);
17    c=(*p[0])(a,b);                        /* 调用 p[0] 所指函数，需要给出实参 */
18    printf(" 最大值是：%d\n",c);
19    c=(*p[1])(a,b);                        /* 调用 p[1] 所指函数，需要给出实参 */
20    printf(" 最小值是：%d\n",c);
21 }
```

程序运行结果如图 6-5-6 所示。

◆图 6-5-6　实例 6-5-6 运行结果

提示： 使用指向函数的指针调用函数与直接调用函数在效果上是相同的，只是多了一种调用函数的手段。

指向函数的指针可以作为函数的形参。例如，下面 root 函数声明的第三个形参即为指向函数的指针：

double root(double a,double b,double(*f)(double))

这样就可以在调用 root 函数时，把不同函数的入口地址传递给形参，从而在被调用的函数中使用实参函数。

拓展训练八：

利用指向函数的指针编写程序，求出两个数 x、y 中的最大值。

🔧 6.6　指向指针的指针和指针数组

指向指针的指针和指针数组介绍

6.6.1　指向指针的指针

一个指针变量可以指向整型变量、实型变量和字符类型变量，当然也可以指向指针类型变量。当指针变量用于指向指针类型变量时，则称之为指向指针的指针变量。这种双重指针如图 6-6-1 所示。

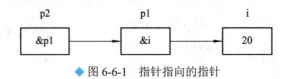

◆图 6-6-1　指针指向的指针

整型变量 i 的地址是 &i，将其值传递给指针变量 p1，则 p1 指向 i；同时，将 p1 的地

址 &p1 传递给 p2，则 p2 指向 p1。这里的 p2 就是前面讲到的指向指针变量的指针变量，即指针的指针。指向指针的指针变量定义如下：

类型标识符 ** 指针变量名；

例如：

int **p；

其含义为定义一个指针变量 p，它指向另一个指针变量，该指针变量又指向一个基本整型变量。由于指针运算符 * 是自右至左结合的，所以上述定义相当于：

int *(*p)；

实例 6-6-1：输出化学元素周期表中的前 7 个金属元素。

在本实例中，定义了一个指向指针的指针，利用这个指针将指针数组的元素输出，具体代码如下：

```
01  #include<stdio.h>
02  int main()
03  {
04      int i;
05      char **p;
06      char *element[]=
07      {
08          "锂",
09          "铍",
10          "钠",
11          "镁",
12          "铝",
13          "钾",
14          "钙"
15      };
16      for(i=0;i<7;i++)
17      {
18          p=element+i;
19          printf("%s\n",*p);
20      }
21      return 0;
22  }
```

程序运行结果如图 6-6-2 所示。

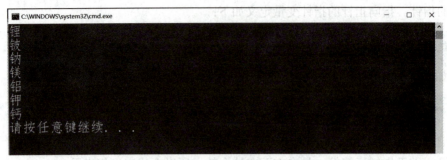

◆ 图 6-6-2　实例 6-6-1 运行结果

6.6.2　指针数组

为了处理方便，把若干指针变量按有序的形式组织起来，构成指针数组，数组中的每个元素都是指针变量。在结构上，指针数组与其他类型的数组是一样的。前面已经介绍了指针数组的定义格式为：

类型名 * 数组名 [数组长度]

如 char *a[5]，它表示 a 数组中的 5 个元素都是指向 char 类型数据的指针。该定义格式中，[] 的优先级高于 *，所以首先是 a[5]，表示 a 是一个有 5 个元素的数组，然后才与 * 结合，表示数组中的元素都是指针类型。注意要区分 char(*a)[5] 与 char*a[5] 的定义格式，char(*a)[5] 是行指针，指向一维数组；char*a[5] 是指针数组，每个数组元素为指针类型的数组。

指针数组是一个数组，需要使用数组的方式定义和初始化。如：

static char name[3][10];　　　　　　　/* 定义静态字符型数组 */
char *p[3]={name[0],name[1],name[2]};　/* 定义字符型指针数组，并进行初始化 */

指针数组多用于字符串相关的操作，具体做法是使用指针数组中的元素指向各个字符串，通常在定义指针数组时就完成相关初始化操作。

实例 6-6-2：使用指针数组表示多个字符串。

```
01  #include<stdio.h>
02  int main()
03  {    char *s[]={"VB","C","C++","Java","C#"};
04       char **q=s;
05       int k;
06       for(k=0;k<5;k++)
07           printf("%s\n",*(q+k));
```

```
08        return 0;
09  }
```

程序运行结果如图 6-6-3 所示。

◆ 图 6-6-3　实例 6-6-2 运行结果

说明：本例中，指针数组 s 与二级指针 q 的关系如图 6-6-4 所示。从本例中可以看出，指针数组名本质上就是一个二级指针。

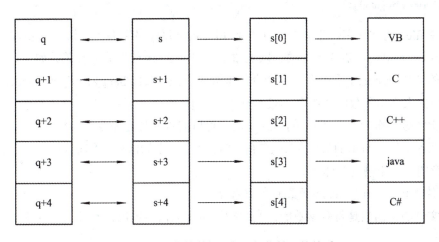

◆ 图 6-6-4　指针数组 s 与二级指针 q 的关系

使用指针数组时，不要与数组指针相混淆。指针数组是一个数组，数组中的元素都是指针，有多个指针；数组指针是一个指针变量，用于指向一个一维数组。

6.6.3　指针数组作为 main 函数的参数

在前面讲过的所有程序中，几乎都会出现 main 函数。main 函数称为主函数，是所有程序运行的入口。main 函数是由系统调用的，在操作命令状态下，输入 main 函数所在的文件名，系统即调用 main 函数，且 main 函数始终作为主调函数予以执行，即允许 main 函数调用其他函数并传递参数。

main 函数可以是无参函数，也可以是有参函数。对于有参形式的 main 函数，就需要向其传递参数。下面先看一下 main 函数的带参形式：

```
main(int argc,char *argv[])
```

从函数参数的形式上看，包含一个整型和一个指针数组。当一个 C 的源程序经过编译、链接后，会生成扩展名为 .exe 的可执行文件，这是可以在操作系统下直接运行的文件。对于 main 函数来说，其实际参数和命令是需要一起给出的，也就是在一个命令行中包括命令名和需要传给 main 函数的参数。命令行的一般形式为：

```
命令名 参数 1 参数 2 参数 3…参数 n
```

例如：

```
d:/debug/1  hello hi yeah
```

命令行中的命令就是可执行文件的文件名，如语句中的 d:\debug\1，命令名和其后所跟参数之间需要用空格分隔。命令行与 main 函数的参数存在如下的关系。

假设命令行为：

```
file1 happy bright glad
```

其中 file1 为文件名，也就是一个名为 file1.c 的源程序经编译、链接后生成的可执行文件 file1.exe，其后跟着 3 个参数。以上命令行与 main 函数中的形参关系如下：

它的参数 argc 记录了命令行中命令与参数的个数 (file1、happy、bright、glad)，共 4 个，指针数组的大小由参数的值决定，即 char *argv[4]。

用指针数组作为 main 函数的形式参数，可以向程序传递命令行参数。

说明：参数字符串的长度是不定的，并且参数字符串的长度不需要统一，参数的数目也是任意的，并不规定具体个数。

实例 6-6-3：输出 main 函数的参数内容。

本实例的主函数是带有参数的，利用指针将参数内容输出，具体代码如下：

```
01  #include<stdio.h>
02  void main(int argc,char *argv[])          /*main 函数为带参函数 */
03  {
04      printf("the list of parameter:\n");
05      printf(" 命令名：\n");
06      printf("%s\n",*argv);
07      printf(" 参数个数：\n");
08      printf("%d\n",argc);
09  }
```

程序运行结果如图 6-6-5 所示。

◆ 图 6-6-5　实例 6-6-3 运行结果

拓展训练九：

设计一个程序，该程序接受命令行参数，输出"您好，[输入参数]"，如果无参数，则输出"请输入您的姓名："，然后退出程序。

习　题　6

一、选择题

1. 若有声明 "char *p="123"; int c;"，则执行语句 "c=sizeof(p);" 后，c 的值是 (　　)。

A. 1　　　　　　　　B. 2　　　　　　　　C. 3　　　　　　　　D. 4

2. 若有声明语句 "char ch='a', *pc=&ch;"，以下语句中有语法错误的是 (　　)。

A. (*pc)++;　　　　B. ch+=-'a'+'A';　　　C. ch++='a'+'A';　　　D. ch++;

3. 对应 main 函数中的 fun 函数调用语句，以下给出的 4 个 fun 函数首部中，错误的是 (　　)。

```
main()
{ int a[50], n;
  fun(n, &a[9]);
}
```

A. void fun(int m, int x[])　　　　　　　B. void fun(int s, int h[41])

C. void fun(int p, int *s)　　　　　　　D. void fun(int n, int a)

4. 若有声明 "char a[5]={'A', 'B', 'C', 'D', 'E'}, *p=a, i;"，则以下语句中不能正确输出 a 数组全部元素值的是 (　　)。

A. for(i=0; i<5; i++) printf("%c", a[i]);

B. for(i=0; i<5; i++) printf("％ c", *(a+i));

C. for(i=0; i<5; i++) printf("％ c", *p++);

D. for(i=0; i<5; i++) printf("％ c", *a++);

5. 若有声明 "int a[]={l, 2, 3, 4}, *p, i;"，则以下程序段中不能输出 3 的是 (　　)。

A. for(i=0;i<4;i+=2)printf("％ d", a[i]);

B. for(p=0;p<4;p+=2)printf("％ d", a[p]);

C. for(p=a;p<a+4;p+=2)printf("% d", *p);

D. for(p=a, i=0; i<4;i+=2)printf("% d", p[i]);

6. 若有声明"int x[10]={0,1,2,3,4,5,6,7,8,9}, *p;"，则值不为 4 的表达式是 (　　)。

A. p=x, *(p+4)　　　　B. p=x+4, *p++　　　　C. p=x+3, *(p++)　　　　D. p=x+3, *++p

7. 已知有声明语句"int a[5]={1, 2, 3, 4, 5}, *p, i;"，则以下语句中的 (　　) 选项不能正确输出 a 数组全部元素的值。

A. for(p=a, i=0;i<5;i++)printf("%d",*(p+i));

B. for(p=a;p<a+5;p++)printf("%d", *p);

C. for(p=a, i=0;p<a+5;p++, i++)printf("%d", p[i]);

D. for(p=a;p<a+5;p++)printf("%d", p[0]);

8. 已有声明"int a[5];"，以下表达式中不能正确取得 a[1] 指针的是 (　　)。

A. &a[1]　　　　　B. ++a　　　　　　C. &a[0]+1　　　　　D. a+1

9. 假定已有声明"char a[30], *p=a;"，则下列语句中能将字符串"This is a C program."正确地保存到数组 a 中的语句是 (　　)。

A. a[30]= "This is a C program.";　　　　B. a="This is a C program.";

C. p="This is a C program.";　　　　　D. strcpy(p, "This is a C program.");

10. 已知有声明"char a[]="program",*p=a+1;"，则执行以下语句后不会输出字符 a 的是 (　　)。

A. putchar(*p+4);　　　　　　　　　B. putchar(*(p+4));

C. putchar(a[sizeof(a)-3]);　　　　　　D. putchar(*(a+5));

二、阅读程序题

1. 运行以下程序，输出到屏幕的第一行内容是_____，第二行内容是_____。

```c
#include<stdio.h>
int fun(int a[], int *p)
{   int i, n;
    n=*p;
    p=&a[n-1];
    for(i=n-2; i>=0; i--)
        if(a[i]>*p)p=&a[i];
    return *p;
}
int main()
{   int a[5]={18, 2, 16, 3, 6}, x=5, y;
    y=fun(a, &x);
    printf("%d\n", x);
    printf("%d\n", y);
```

```
        return 0;

    }
```

2. 运行以下程序，输出到屏幕的第一行内容是＿＿＿＿＿＿，第二行内容是＿＿＿＿＿＿。

```
    #include <stdio.h>
    int f(int *x, int *y, int z)
    {   *x=*y;
        *y=z;
        z=*x;
        return z;
    }
    int main()
    {   int a=1, b=2, c=3,d;
        d=f(&a, &b, c);
        printf("%2d%2d\n%2d\n", a, b, c);
        return 0;}
```

3. 运行以下程序，输出到屏幕的第一行内容是＿＿＿＿＿＿，第二行内容是＿＿＿＿＿＿。

```
    #include <stdio.h>
    #include <ctype.h>
    void compute(char *s)
    {   int t, r;
        char op;
        /* isdigit(*s) 判断 s 指向的字符是否为数字字符 */
        for(r=0; isdigit(*s); s++)
          r=r*10+*s-'0';
        while(*s)
        {   op=*s++;
          for(t=0; isdigit(*s); s++)
            t=t*10+*s-'0';
          switch(op)
          {   case '+':r=r+t; break;
              case '-': r=r-t; break;
              case '*':r=r*t; break;
              case '/':if(t) r=r/t; else{puts("devide error."); return;}
          }
        }
        printf("%d\n", r);
```

```
        }
        int main()
        {   compute("12+6-19+2");
            compute("12/6*19/2");
            return 0;}
```

4. 运行以下程序，输出到屏幕的第一行内容是_____，第二行内容是_____。

```
#include <stdio.h>
void fun(int *a, int b)
{   while(b>0)
    {   *a+=b;
        b--;
    }
}
int main()
{   int x= 0, y=3;
    fun(&x, y);
    printf("%d\n%d\n", x, y);
    return 0;
}
```

三、编程题

1. 输入 3 个字符串，然后按由小到大顺序输出至屏幕。

2. 输入 2 个字符串，要求将其中最长的公共子串输出至屏幕。

3. 输入 1 个字符串，统计字符串中每个字符出现的次数并输出至屏幕。

4. 输入 1 个字符串，把该字符串的前 3 个字母移到最后，然后将变换后的字符串输出至屏幕。例如输入为"abcdef"，输出为"defabc"。

项目3 图书信息管理系统

项目设置意义

本项目以图书信息管理系统为背景，引导学生学习结构体和文件的相关内容。本项目被分解为两个子模块，通过对本项目的实现，使学生掌握小型系统程序设计的基本方法、基本框架的搭建和模块化程序设计的思想，并能够使用结构体变量、结构体数组和函数编写小型的应用程序。

项目功能分析

本项目实现了对批量图书信息的管理。主模块应包含菜单显示模块、录入图书信息模块、浏览图书列表模块、查询图书模块、删除图书模块、保存文件模块和读取文件模块，每个模块都被定义为一个功能相对独立的函数。本项目涉及的知识点主要包括函数、数组、结构体和文件操作等内容。

系统各模块的功能如下：

(1) 菜单显示模块。

(2) 录入图书信息模块，可录入图书名、作者、书号和发行日期。当图书名的录入内容为 Q 时，系统终止录入。

(3) 浏览图书列表模块，可显示录入的图书信息。

(4) 查询图书模块，可根据图书名、作者和书号来查询图书信息。

(5) 删除图书模块，可根据图书名、作者和书号来删除图书信息，并对删除后的图书列表进行重新排序。

(6) 保存文件模块，可将输入的图书信息列表保存到 lialist.txt 文件中。

(7) 读取文件模块，可读取 record.txt 文件中的图书列表信息。

学生在完成本项目的学习后，可自行完善系统中的信息，例如插入图书信息、修改图书信息和按书号排序等。

项目模块分解

模块 7　图书信息的添加、浏览和删除
模块 8　图书数据的存储

图书信息管理
系统(1)

图书信息管理
系统(2)

模块 7　图书信息的添加、浏览和删除

【学习目标】

- 理解和掌握结构体的定义和调用方法；
- 理解和掌握结构体数组的定义和引用；
- 理解共用体和枚举类型的构造、定义和引用。

【模块描述】

本模块结合图书信息管理系统项目中的添加、浏览和删除图书信息的业务需求，由主函数 main、添加图书函数 add、删除图书函数 del 等功能模块组成。

【源代码参考】

```
/* 预处理命令 */
#include<stdio.h>
#include<conio.h>
#include<stdlib.h>
#include<string.h>
#define N 10
/* 函数声明 */
void menu();
int enter(struct lia s[],int n);
void list(struct lia s[],int n);
void search(struct lia s[],int n);
int del(int n);
int save(int n);
int read();
/* 定义结构体 */
```

```
struct lia
{
    char name[40];              // 图书名称
    char writer[25];            // 作者
    char press[25];             // 出版社
    char year[25];              // 印刷年份
}s[N],s1,s2,s3;
/*main() 主函数 */
void main()
{
    int count=0;
    int choose;
    while(1)
    {
        menu();
        printf(" 请选择主菜单序号 (0-6):");
        scanf("%d",&choose);
        switch(choose)
        {
            case 1:count=enter(s,N);break;
            case 2:list(s,count);break;
            case 3:search(s,count);break;
            case 4:count=del(count);break;
            case 5:save(count);break;
            case 6:read();break;
            case 0:return;
            default:printf("\n\n\n 输入无效，请重新输入 \n");
        }
        printf("\n\n 请按任意键返回主菜单 ");
        getch();
    }
}
void menu()                     // 输入菜单
{
    system("cls");
```

```
        printf("\n\n\t*******************MENU*******************\n");
        printf("\t                    1- 添加图书 \n");              // 添加记录
        printf("\t                    2- 浏览图书 \n");              // 显示记录
        printf("\t                    3- 查找图书 \n");              // 查找记录
        printf("\t                    4- 删除图书 \n");              // 删除记录
        printf("\t                    5- 保存文件 \n");              // 保存文件
        printf("\t                    6- 读取文件 \n");              // 读取文件
        printf("\t                    0- 退出 \n");                  // 退出
        printf("\n\n\t*******************************************\n");
}
/* 添加图书 */
int enter(struct lia s[],int n)
{
        int i;
        printf("\n 请输入图书信息，按 Q 退出 ");
        for(i=0;i<n;i++)
        {
                printf("\n 请输入图书名称 :");
                scanf("%s",s[i].name);
                if(s[i].name[0]=='Q'&&s[i].name[1]=='\0')
                        break;
                printf(" 请输入作者 :");
                scanf("%s",&s[i].writer);
                printf(" 请输入出版社 :");
                scanf("%s",&s[i].press);
                printf(" 请输入印刷年份 :");
                scanf("%s",&s[i].year);
                printf("------------------------------------\n");
        }
        return i;
}
/* 浏览图书列表 */
void list(struct lia s[],int n)
{
        int i;
```

```
        printf("\n 图书信息浏览如下 :");
        printf("\n\t 图书名 \t\t 作者 \t\t 出版社 \t\t 印刷年份 \n");
        printf("------------------------------------\n");
        for(i=0;i<n;i++)
        {
            printf("\t%s\t\t%s\t\t%s\t\t%s",s[i].name,s[i].writer,s[i].press,s[i].year);
        }
        printf("------------------------------------\n");
        printf("\n 浏览完毕，请按任意键返回菜单 ");
        getch();
}
/* 查找图书信息 */
void search(struct lia s[],int n)
{
        int find(int n,int b);
        int m,i;
        printf("\n 选择查询代码 :");
        printf("\n1. 图书名 :");
        printf("\n2. 作者 :");
        printf("\n3. 出版社 :");
        printf("\n0. 返回主菜单 :");
        do
        {
            printf("\n 请选择 1 ～ 3:\n");
            scanf("%d",&m);
        }while(m<0||m>3);
        switch(m)
        {
            case 1:printf(" 请输入图书名 \n");break;
            case 2:printf(" 请输入作者者 ");break;
            case 3:printf(" 请输入出版社 ");break;
            case 0:printf(" 返回主菜单 ");menu();
        }
        i=find(n,m);
        if(i>n-1)
```

```
                printf(" 没有查找到记录 \n");
        else
        {
                printf("\n\t 图书名 \t\t 作者 \t\t 出版社 \t\t 印刷年份 \n");
                printf("----------------------------------------------\n");
                printf("\t%s\t\t%s\t\t%s\t\t%s",s[i].name,s[i].writer,s[i].press,s[i].year);
                printf("----------------------------------------------\n");
        }
        printf("\n 查找完毕 ");
        getch();
}
int find(int n,int b)        // 分类查询函数
{
        int i;
        switch(b)
        {
        case 1:scanf("%s",s3.name);
                for(i=0;i<n;i++)
                if(strcmp(s3.name,s[i].name)==0)
                        return i;
                        break;
        case 2:scanf("%s",s3.writer);
                for(i=0;i<n;i++)
                if(strcmp(s3.writer,s[i].writer)==0)
                        return i;
                        break;
        case 3:scanf("%s",s3.press);
                for(i=0;i<n;i++)
                if(strcmp(s3.press,s[i].press)==0)
                        return i;
                        break;
        }
        return i;
}
/* 删除图书信息 */
```

```c
int del(int n)
{
    int i,j,p,ch;
    printf("\n 选择删除代码 \n");
    printf("\n1. 图书名 ");
    printf("\n2. 作者者 ");
    printf("\n3. 出版社 ");
    printf("\n0. 返回主菜单 ");
    do
    {
        printf("\n 请选择 0 ～ 3:\n");
        scanf("%d",&p);
    }while(p<0||p>3);
    switch(p)
{

    case 1:printf(" 请输入图书名并将其删除 \n");break;
    case 2:printf(" 请输入作者名称并将其删除 ");break;
    case 3:printf(" 请输入出版社名称并将其删除 ");break;
    case 0:printf(" 返回主菜单 ");menu();
}
i=find(n,p);
if(i>n-1)
    printf(" 没有找到要删除的记录 \n");
else
{
    printf("\n\t 图书名 \t\t 作者 \t\t 出版社 \t\t 印刷年份 \n");
    printf("----------------------------------------------\n");
    printf("\t%s\t\t%s\t\t%s\t\t%s",s[i].name,s[i].writer,s[i].press,s[i].year);
    printf("----------------------------------------------\n");
    printf(" 确定要删除吗？（确定请按 1, 取消请按 0)\n");
    scanf("%d",&ch);
    if(ch==1)
    {
        for(j=i+1;j<n;j++)
        {
```

```
            strcpy(s[j-1].name,s[j].name);
            strcpy(s[j-1].writer,s[j].writer);
            strcpy(s[j-1].press,s[j].press);
            strcpy(s[j-1].year,s[j].year);
        }
        n--;
      }
    }
    printf(" 已经删除 \n");
    return n;
}
```

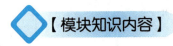【思政教育】

　　本模块主要内容为构造数据类型中的结构体类型、共用体类型和枚举类型。构造数据类型的基础是基本数据类型，再根据实际应用衍生出符合具体情况的数据结构。正如前面所说的，我们不仅要有改革创新的时代精神，而且在面对有限的资源进行系统开发时，还应遵循最初的基本架构。

　　顾名思义，人类命运共同体就是指世界各个民族和各个国家的前途命运都是紧紧地联系在一起的，所以世界各国人民应该风雨同舟、荣辱与共，努力把我们生于斯、长于斯的这个星球建成一个和睦的大家庭，把世界各国人民对美好生活的向往变成现实。构建人类命运共同体，就是世界各个国家要坚持对话协商，共同建设一个持久和平的世界；坚持共建共享，建设一个和谐安全的世界；坚持合作共赢，建设一个共同繁荣的世界；坚持交流互鉴，建设一个开放包容的世界；坚持绿色低碳，建设一个清洁美丽的世界。建设如此美好的世界，体现了世界各国人民对和平、发展、繁荣的向往与共同价值追求。

【模块知识内容】

7.1　结　构　体

　　前面章节中学习了数组，它是最基本的构造类型，是一组具有相同类型数据的有序集合。但是，在解决一些较为复杂的实际问题时，往往还需要一些其他类型的数据。

　　例如，描述一本书时，编号、书名、作者、定价等都是和书相关的信息（如图7-1-1

所示)，这些信息共同构成一个整体来描述这本书，如果将它们分别定义为互相独立的简单变量，则难以体现它们之间的内在联系。但是，由于描述这些信息所需要的数据类型是多种多样的，显然如果只用一个数组类型是无法满足要求的。

书名(char[20]类型)

作者(char[10]类型)

定价(double类型)

编号(int类型)

◆ 图 7-1-1   图书信息的描述

针对上述情况，需要一种新的数据类型来描述图书信息，从而能够方便地保存和获取与图书相关的全部信息。为了解决这个问题，C 语言提供了一种被称为结构体 (简称为结构) 的数据类型。下面来介绍这种数据类型。

7.1.1   结构体的概念与声明

结构体是一种用户自定义的、能将彼此相关的且类型可以不同的数据组合在一起的构造数据类型。

结构体概念与
声明介绍

声明结构体类型的一般形式为：

```
struct  结构名 {
    类型名  成员名 1;
    类型名  成员名 2;
        ⋮
    类型名  成员名 n;
};
```

例如：

```
struct books{
    int num;
    char book_name[20];
    char author[10];
    double price;
};
```

声明一个名为 books 的结构体类型。

说明：

(1) 结构体类型必须先声明后使用。声明使用的关键字为 struct，结构名需要自行命名，但必须符合标识符的命名规则。

(2) 大括号中的内容是结构体所包括的成员。成员可以有多个，每一个成员的数据类型可以是基本数据类型，也可以是数组、结构体等构造类型，成员名的命名也应符合标识符的命名规则。

例如：

```
struct library{
    char lib_name[20];
    struct books book;
};
```

上述语句声明了一个名为 library 的结构体类型，该结构体内又定义了一个 struct books 结构体类型的成员 book。

(3) 结构体类型的声明只是说明了结构体类型的构成情况，系统并不为其分配内存空间，只有通过结构体类型定义了结构体变量后，系统才会为结构体变量分配内存空间。

(4) 声明结构体类型时，不允许将成员的数据类型定义成自身的结构体类型，这是因为结构体类型的声明还停留在构造阶段，系统还不知道该为其分配多少内存空间。但是结构体类型中可以含有指向自身类型的指针变量。

(5) C 语言把结构体声明看作是一条语句，括号后面的分号是不可少的。

7.1.2 结构体变量

1. 结构体变量的定义

既然结构体是一种数据类型，那么在声明之后，就可以用它来定义变量。结构体变量和其他变量一样，必须先定义后使用，其定义方式有以下 3 种：

(1) 先声明结构类型，后定义结构体变量。其格式如下：

```
struct 结构名 {
    成员列表;
};
struct 结构名 变量名表;
```

例如：

```
struct books{
    int num;
    char book_name[20] ;
    char author[10];
    double price;
};
struct books book1,book2;
```

先声明了结构体 books，再定义结构体变量 book1 和 book2。

(2) 声明结构体类型的同时定义结构体变量。其格式如下：

```
struct 结构名 {
    成员列表；
} 变量名表；
```

例如：

```
struct books{
    int num;
    char book_name[20] ;
    char author[10];
    double price;
}book1,book2;
```

声明结构体 books 的同时定义结构体变量 book1 和 book2。

(3) 省略结构体名直接定义结构体变量。其格式如下：

```
struct{
    成员列表；
} 变量名表；
```

例如：

```
struct{
    int num;
    char book_name[20] ;
    char author[10];
    double price;
}book1,book2;
```

声明结构体时没有指定结构体的名字，但通过该结构体直接定义结构体变量 book1 和 book2。

> **小提示：**
> 上述第 (3) 种定义方式书写简单，但是因为没有结构体名，所以后面就无法再用该结构体定义新的结构体变量。

说明：

定义了结构体变量后，系统会为之分配连续的一块内存区域。在不同的编译器下，结构体变量占用的内存大小是不同的，但各编译器都会按照内存对齐原则进行内存分配，所分配内存的大小不少于全部成员之和。

2. 结构体变量的初始化

同其他数据类型的变量一样，结构体变量在定义的同时也可以进行初始化。

结构体变量初始化的一般形式为：

struct 结构体名 变量名 ={ 初值列表 };

例如：

struct books book={1001,"C program", "James",45.00};

说明：

(1) 结构体变量在被初始化时，"{ }"内要按结构体类型声明时各成员的顺序依次赋初始值，并且各初始值之间用逗号分隔。

(2) 如果结构体类型中的成员也是一个结构体类型，则要使用若干个"{ }"一级一级地找到成员，然后对其进行初始化。

3. 结构体变量的使用

定义了结构体变量之后就可以在程序中对其进行引用，但是结构体变量的引用同一般变量的引用有所不同。因为结构体变量中有多个不同类型的成员，所以结构体变量不能被整体引用，只能一个成员一个成员地进行引用。

引用方式为：

结构体变量名 . 成员名

例如：

book.book_name;

说明：

(1) "."是成员运算符，它在所有运算符中优先级最高，结合方向是自左至右。

(2) 如果成员是一个变量，那么引用的就是这个变量的内容；如果成员是一个数组，那么引用的就是这个数组的首地址。

(3) 如果结构体类型中的成员也是一个结构体类型，则要用若干个"."，一级一级地找到最低一级的成员。

实例 7-1-1：结构体变量。

```
01  #include<stdio.h>          /* 包含头文件 */
02  int main()                 /* 主函数 main*/
03  {
04      struct books{          /* 声明结构体变量 books*/
```

```
05      int num;
06      char book_name[20];
07      char author[10];
08      double price;
09    };
/* 定义结构体变量并初始化 */
10    struct books book={1001,"C program","James",45.00};
11    printf("%d\n",book.num);
12    printf("%s\n",book.book_name);
13    printf("%s\n",book.author);
14    printf("%f\n",book.price);
15    return 0;
16  } /* 程序结束 */
```

程序运行结果如图 7-1-2 所示。

◆ 图 7-1-2　实例 7-1-1 运行结果

拓展训练一：

定义一个表示学生的结构体，结构体的成员有姓名、年龄和年级；使用该结构体定义一个学生并赋值，再输出。

7.1.3　结构体数组

1. 结构体数组的定义及初始化

结构体数组介绍

声明 books 结构体类型后，定义一个结构体变量可用于存放一本书的一组信息，可是如果有 5 本书呢？难道要定义 5 个结构体变量吗？

答案是否定的，针对这种情况就要使用到数组。在 C 语言中，结构体中也有数组，称为结构体数组。它与前面讲的数值型数组相似，但需要注意的是，结构体数组的每一个元素都是一个结构体类型的变量，都包含该结构体中所有的成员。结构体数组的定义及初始化有以下 3 种形式：

(1) 先声明结构体类型，再定义结构体数组。其格式如下：

struct 结构体名 {

```
        成员列表;
    };
    struct 结构体名 数组名 [ 元素个数 ];
```

例如:

```
struct books{
    int num;
    char book_name[20] ;
    char author[10];
    double price;
};
struct books book[3]={
    {1001,"C program","James",45.00},
    {1002,"Java program","Tom",55.00},
    {1003,"javascript","Jack",65.00}
};
```

先声明结构体 books,再通过其定义一个长度为 3 的结构体数组并初始化。

(2) 声明结构体类型的同时定义结构体数组。其格式如下:

```
struct 结构名 {
    成员列表;
} 数组名 [ 元素个数 ];
```

例如:

```
struct books{
    int num;
    char book_name[20] ;
    char author[10];
    double price;
}book[3]={
    {1001,"C program","James",45.00},
    {1002,"Java program","Tom",55.00},
    {1003,"javascript","Jack",65.00}};
```

声明结构体 books 的同时定义一个长度为 3 的结构体数组并初始化。

(3) 直接定义结构体数组。其格式如下:

```
struct {
    成员列表;
} 数组名 [ 元素个数 ];
```

例如：

```
struct {
    int num;
    char book_name[20] ;
    char author[10];
    double price;
} book[3]={
    {1001,"C program","James",45.00},
    {1002,"Java program","Tom",55.00},
    {1003,"javascript","Jack",65.00}
};
```

声明结构体的同时定义一个长度为 3 的结构体数组并对其进行初始化。

小提示：

结构体数组进行全部初始化时，初值个数与结构体数组的元素个数以及每个数组元素的成员个数一定要相匹配。

2. 结构体数组的使用

结构体数组元素中成员的访问方式与结构体变量成员的访问方式相同，都是通过成员运算符 "." 进行引用。其引用方式为：

结构体数组名 [下标]. 成员名

实例 7-1-2：结构体数组。

```
01  #include<stdio.h>              /* 包含头文件 */
02  int main()                     /* 主函数 main*/
03  {
04      struct books{              /* 声明结构体变量 books*/
05          int num;
06          char book_name[20];
07          char author[10];
08          double price;
```

```
09      };
10      struct books book[3]={                          /* 定义结构体数组 */
11          {1001,"C program","James",45.00},
12          {1002,"Java program","Tom",55.00},
13          {1003,"javascript","Jack",65.00}
14      };
15      printf("%d\n",book[0].num);
16      printf("%d\n",book[1].num);
17      printf("%d\n",book[2].num);
18      return 0;                                        /* 程序结束 */
19  }
```

程序运行结果如图 7-1-3 所示。

◆ 图 7-1-3　实例 7-1-2 运行结果

拓展训练二：

某网站双 11 做促销活动，利用结构体数组编写程序，将销量前 5 名的信息输出，销量前 5 名的产品及销售数量如下：

产　品	数　量
洗衣液	325656550
洗衣粉	45678520
洗发露	78942513
沐浴露	475896541
面膜	789425124

7.1.4　结构体指针

1. 结构体指针变量的定义及初始化

当一个指针指向结构体变量时，我们就称它为结构体指针，用于存储结构体指针的变量即为结构体指针变量。C 语言中定义结构体指针变量的一般形式为：

结构体指针介绍

struct 结构体名 * 指针变量名 ;

初始化格式为：

指针变量名 =& 结构体变量名 ;

例如：

struct books *p;

p=&book;

> 小提示 ：
> 结构体指针变量的初始化是将该指针指向的结构体变量的首地址赋值给该结构体指针变量。

2. 结构体指针的使用

通过结构体指针可以访问结构体变量的成员，因此，结构体变量成员的访问方式有 3 种，分别为：

(1) 结构体变量名 . 成员名。

(2) (* 结构体指针变量名). 成员名。

(3) 结构体指针变量名—> 成员名。

例如：

book.num;

(*p).num;

p->num;

实例 7-1-3：结构体指针。

```
01 #include<stdio.h>            /* 包含头文件 */
02 int main()                   /* 主函数 main*/
03 {
04   struct books{              /* 声明结构体 books*/
05       int num;
06       char book_name[20];
07       char author[10];
08       double price;
09   };
/* 定义结构体变量并对其进行初始化 */
10   struct books book={1001,"C program","James",45.00};
11   struct books *p=&book;     /* 定义结构体指针变量并指向结构体变量 */
```

```
12  printf("%d\n",book.num);
13  printf("%d\n",(*p).num);
14  printf("%d\n",p->num);
15  return 0;
16  } /* 程序结束 */
```

程序运行结果如图 7-1-4 所示。

◆ 图 7-1-4　实例 7-1-3 运行结果

3. 指向结构体数组的指针

结构体指针也可以指向一个结构体数组，当发生指向关系后，结构体指针变量的值就是该结构体数组的首地址。

例如：

```
struct books book[3],*p;
p=book;
```

当 p 指向结构体数组 book 时，"p=book;"等价于"p=&book[0];"。此时，如果执行"p++;"，则指针变量 p 就指向了 book[1]，如图 7-1-5 所示。

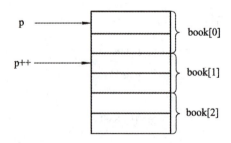

◆ 图 7-1-5　指向结构体数组的指针

实例 7-1-4：指向结构体数组的指针。

```
01  #include<stdio.h>          /* 包含头文件 */
02  int main()                /* 主函数 main*/
03  {
04    struct books{            /* 声明结构体 books*/
```

```
05      int num;
06      char book_name[20];
07      char author[10];
08      double price;
09    };
10    struct books book[3]={                    /* 定义结构体数组 */
11      {1001,"C program","James",45.00},
12      {1002,"Java program","Tom",55.00},
13      {1003,"javascript","Jack",65.00}
14    };
15    struct books *p=book;                      /* 定义结构体指针变量并指向结构体数组 */
16    printf("%d\n",(*p).num);
17    p++;
18    printf("%d\n",(*p).num);
19    return 0;                                  /* 程序结束 */
20  }
```

程序运行结果如图 7-1-6 所示。

◆ 图 7-1-6　实例 7-1-4 运行结果

拓展训练三：

定义一个冰箱结构体，它有一个成员是名为"螺丝"的结构体数组，代表这台冰箱中的所有螺丝；再编写代码，输出所有螺丝长度。例如：螺丝的长度是 10 毫米和 8 毫米。

7.2　链　表

在进行程序设计时，使用数组可以给编程带来很多方便，增加程序的灵活性。但是数组在使用时也存在一些缺陷，如需要事先确定数组的大小，一旦定义了数组之后，就不能在程序中随意调整数组的大小，并且 C 语言中不允许定义动态数组类型。在实际编程时，只能根据可能的最大需求来定义数组，这样一来，常常会造成内存空间的浪费。

链表是动态进行内存分配的一种结构，它是在程序的执行过程中随时为其结点分配需要的存储空间，可以方便地插入新结点，也可以把不再使用的空间回收待用，从而能够有效地节约内存资源。本节主要介绍单链表的概念及基本操作。

7.2.1 链表的概念

链表是一种动态数据结构，它使用随机分配的内存单元来存放数据，这些内存单元可以是连续的，也可以是不连续的。链表是由若干个相同结构类型的元素依次串接而成的，它使用指针来表示两个元素之间的前后关系。

链表的概念介绍

将链表中的每个元素称为一个"结点"。结点是结构类型，其成员由以下两部分组成：

(1) 用户需要使用的数据 (称为数据成员或数据域)；

(2) 下一个结点的地址 (称为指针域，为指向自身结构类型的指针)。

链表对各结点的访问必须从第一个结点开始，根据第一个结点的指针域找到第二个结点，再根据第二个结点的指针域找到第三个结点，以此可以访问到链表中的所有结点。链表的尾结点由于无后续结点，在其指针域存放一个 NULL(表示空地址) 表明链表到此结束。

根据结点之间的相互关系，链表分为单链表、双链表和循环链表。本书介绍的链表均指单链表。链表的每个结点中只包含一个指针域，该指针域中存放的是其后继结点的地址，如图 7-2-1 所示。

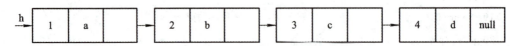

◆ 图 7-2-1　单链表示意图

通常使用结构体的嵌套来定义链表结点的数据类型，定义形式如下：

```
struct 结构体名
{   类型名成员名 1;
    类型名成员名 2;
        ⋮
    类型名成员名 n;
    struct 结构体名 * 指针名 1，* 指针名 2，…，* 指针名 n;
};
```

例如：

```
struct books
{   int bno;
    char bname[20];
    struct books * next;
};
```

在由 struct books 构成的链表中，每个结点由 3 个成员组成，前两个成员 bno、bname 组成了数据域，最后一个成员 next 是指针域，它指向链表中的下一个结点 (即该指针域中存放了下一个结点的地址)。每一个结点的 next 指针域总是指向具有相同结构的结点，正是利用这种递归结构的定义方式构造出链表结构。

通常将链表的第一个结点称为头结点 (链首)，将链表的最后一个结点称为尾结点 (链尾)。为了便于对链表中的每一个结点进行操作 (插入或删除)，定义一个结构指针指向头结点，称其为头指针。图 7-2-1 中的 h 即为该链表的头指针。

7.2.2　链表的基本操作

链表的基本操作主要有创建链表、输出链表 (链表的遍历)、查找结点、插入结点和删除结点共 5 种。

1. 创建链表

创建链表是指在程序运行时，对内存进行动态分配，创建若干个结点，并把这些结点连接成串，形成一个链表。

创建链表的步骤如下：

(1) 定义链表的数据结构，创建一个空的头指针。

(2) 使用 malloc 函数为新结点分配内存空间。

(3) 将数据读入到新结点的数据域，并将该结点的指针域置为空 (NULL)。

(4) 若头指针为空，则使头指针指向该新结点；若头指针为非空，则将新结点连接到链表中：可以连接到链首或连接到链尾。

(5) 判断是否有后续结点，若有，则转向 (2)，否则链表创建结束。

实例 7-2-1：接收从键盘输入的一行字符，每接收一个字符后，申请一个新结点，并保存该字符，每次产生的新结点连接到链尾。

分析：根据题意，定义链表结点的数据结构如下：

```
struct link                    /* 链表的结点结构体 */
{   char ch;                   /* 数据域，保存从键盘输入的一个字符 */
    struct link *next;         /* 指针域，指向下一个结点 */
};
```

由于每次产生的新结点总是连接到链尾，则需要一个尾指针 p2 来指示链尾，头指针 h 指向链首。创建一个新结点 pl 时，若头指针为空，说明此时链表是空的，则应该使头指针指向新创建的第一个结点，即 "h=p1;"；若头指针非空，则新结点应该连接到链尾，即 "p2->next=p1;"。然后修改尾指针，使其指向链尾，即 "p2=p1;"。

创建链表的函数 struct link* create() 代码如下：

```
01  struct link *create()                    /* 创建链表 */
02  {   char ch;
03      struct link *pl, *p2, *h=NULL;        /* 头指针 h，尾指针 p2，新结点 pl*/
```

```
04        while((ch=getchar()) ！ ='\n')          /* 从键盘输入一行字符 */
05        {    p1=(struct link*)malloc(sizeof(struct link));    /* 为新结点 pl 分配内存 */
06             p1->ch=ch;                         /* 为结点 pl 数据域读入数据 */
07             if(h==NULL)                        /* 若链为空 */
08                  h=p2=p1;
09             else                               /* 将新结点插入到链尾 */
10             {    p2->next=pl;
11                  p2=p1;
12             }
13        }
14        p2->next=NULL;                          /*p2 为链尾 */
15        return h;                               /* 链表创建完毕，返回头指针 h*/
16   }
```

实例 7-2-2：对上例进行修改，将每次产生的新结点作为头结点插入到链表中。由于每次产生的新结点总是连接到链首，则只需要一个头指针 h 用来指示链首即可。

在创建一个新结点 p 时，将新结点连接到链首，即"p->next=h;"。然后修改头指针 h，使其指向链首，即"h=p;"。

创建链表的函数 struct link* create() 代码如下：

```
01  struct link* create()
02  {    char ch;
03       struct link* h=NULL，*p;
04       while((ch=getchar()) ！ =\n')            /* 从键盘输入一行字符 */
05       {    p=(struct link*)malloc(sizeof(struct link));    /* 为新结点 p 分配内存 */
06            p->ch=ch;                           /* 为新结点 p 读入数据 */
07            p->next=h;                          /* 将新结点插入到链首 */
08            h=p;                                /* 指针 h 指向链首 */
09       }
10       return h;                                /* 链表创建完毕，返回头指针 h*/
11  }
```

2. 输出链表

输出链表是指从头到尾输出链表中各个结点的数据信息，步骤如下：

(1) 找到链表的头指针。

(2) 设置一个临时结点 p，使其指向头指针所指向的结点。

(3) 判断是否到链尾，若是，则链表输出结束；否则，输出结点 p 的数据域信息。

(4) 使 p 指向其下一个结点，转向 (3)。

实例 7-2-3：从表头开始依次输出实例 7-2-1 中链表各结点成员 ch 的值。

分析：输出链表各结点成员的值，需要设置一个指针 p，从头到尾遍历各结点，使用语句"printf("%c\n"，p->ch);"输出当前结点的数据域，然后使用语句"p=p->next；"使指针 p 指向下一个结点，继续循环输出其数据域，直到链表遍历结束。

输出函数 void printlink(struct link *h) 代码如下：

```
01  void printlink(struct link *h)
02  {    struct link *p;
         /* 若 h 为 NULL，则输出链表为空 */
03       if(h==NULL){printf("h is empty!\n");return;}
04       p=h;
05       while(p!=NULL)              /* 输出链表各结点的数据域信息 */
06       {    printf("%c",p->ch);
07            p=p->next;             /* p 指向下一个结点 */
08       }
09  printf("\n");
10  }
```

这里需要注意的是，链表的各结点在内存中可能不是连续存放的，因此不能使用 p++ 来寻找下一个结点。

3. 查找结点

在链表中查找指定的结点时，需要从头指针开始，顺序向后查找，直至找到所需值或者到达链尾。步骤如下：

(1) 找到链表的头指针 h，使 p 指向 h。

(2) 判断结点 p 的数据域值是否等于要查找的内容，若是，则输出结点 p 在链表中的位置；若不是，则转向 (3)。

(3) 使 p 指向下一个结点，判断是否到达链尾，若是，则结束；否则转向 (2)。

实例 7-2-4：从键盘输入一个字符 x，查找实例 7-2-1 创建的链表中是否存在 ch 值为 x 的结点，若存在，则输出该结点在链表中的位置 (可能存在多个)，若不存在，则输出"not find"。

查找函数 void search(struct link *h) 的代码如下：

```
01  void search(struct link *h)         /* 查找符合条件的结点 */
02  {    struct link *p;
03       char x, m='n';
04       int id=1;
05       p=h; x=getchar();
```

```
06      while(p ！ =NULL)
07      {   if(p->ch==x)                              /* 若找到，则输出其位置 */
08          {   printf("\'%c\'position is%d\n", x，id);
09              m='y';
10          }
11          p=p->next;                               /*p 指向下一个结点 */
12          id++;
13      }
14      if(m=='n')printf("\'%c\'is not find ！ \n", x);     /* 若不存在，则输出未找到 */
15      printf("\n");
16 }
```

4. 插入结点

对链表的插入是指将一个结点插入到一个已有的链表中。这个操作需要确定要插入的位置以及实现正确的插入，插入的原则是先连后断。

假设要将结点 p 插入到结点 q 和结点 r 之间，则需要先将结点 p 与结点 r 连接 (即 p->next=r;)，然后将结点 q 与结点 r 断开，并使结点 q 与结点 p 相连 (即 q->next=p;)。步骤如下：

(1) 找到要插入位置的前趋结点 q。

(2) 将要插入的结点 p 的指针域指向结点 q 的后继结点 r。

(3) 使结点 q 的指针域指向结点 p。

(4) 判断是否还有要插入的结点，若有，转向 (1)；否则，结束。

实例 7-2-5：在实例 7-2-1 创建的链表中每个字母结点后插入一个数值结点。

插入函数 struct link*insert(struct link*h) 的代码如下：

```
01 struct link *insert(struct link *h)               /* 插入结点 */
02 {   struct link*p, *q;
03     int i=0;
04     q=h;
05     while(q ！ =NULL)
06     {   p=(struct link*)malloc(sizeof(struct link));   /* 创建新结点 */
07         p->ch='0'+(++i);
08         p->next=q->next;                        /* 新结点的指针域指向其前趋的后继结点 */
09         q->next=p;                              /* 前趋结点指向该新结点 */
10         q=p->next;                              /*q 指向要插入位置的前趋结点 */
11     }
12     return h;
13 }
```

5. 删除结点

删除结点是指从链表中删除一个或多个指定的结点，并使其余的结点重新连接形成链表，删除的原则是先连后删。

假设 p 为要删除的结点，q 为 p 的前趋结点，则若要从链表中删除结点 p，需要先使结点 q 指向结点 p 的后继结点 (即 q->next=p->next)，然后释放结点 p 所占用的内存空间 (即 free(p))。步骤如下：

(1) 找到要删除的结点 p。

(2) 若 p 是链表中的第一个结点，则修改头指针 h，使 h 指向 p 的后继结点；否则找到要删除结点 p 的前趋结点 q，使 q 的指针域指向 p 的后继结点。

(3) 释放结点 p 所占用的内存空间。

(4) 判断是否还有要删除的结点，若有，转向 (1)；否则，结束。

实例 7–2–6：删除实例 7-2-1 创建的链表中满足以下条件的结点：该结点存放的字母 ASCII 编码值为奇数 (a 的 ASCII 编码值是 97)。

删除函数 struct link *delet(struct link *h) 代码如下：

```
01  struct link* delet(struct link *h)        /* 删除符合条件的结点 */
02  {   struct link *p, *q, *r;               /*h 为头指针, p 为要判断的当前结点, r 为要删除的结点,
                                                 q 为要删除结点的前趋结点 */
03      p=q=h;
04      while(p ！ =NULL)
05      {   if(p->ch%2==1)                     /* 判断当前结点 p 是否为要删除的结点 */
06          {   if(p==h)                       /* 若是头结点 */
07              {   h=p->next;                 /* 修改头指针 h*/
08                  r=p;                       /*r 指向要删除的结点 */
09                  p=q=h;
10              }
11          else                              /* 若不是头结点 */
12              {   q->next=p->next;
                                              /* 先连, 即 q 指向要删除结点 p 的后继结点 */
13              r=p;                          /*r 指向要删除的结点 */
14              p=q->next;                    /*p 指向下一个结点 */
15              }
16          r->next=NULL;
17          free(r);                          /* 后删, 即释放结点 r 所占用的内存空间 */
18          }
19      else                                  /* 当前 p 结点不是要删除的结点 */
```

```
20        {   q=p;
21            p=p->next;                      /*p 指向下一个结点 */
22        }
23      return h;
24  }
```

对链表进行重组的操作是指将链表中的结点按照某个规则重新排列形成新的链表，如倒置、排序、合并等。

6. 倒序链表

倒序链表是指将链表中的结点顺序进行颠倒的操作，使得原来的头结点成为尾结点，原来的尾结点成为头结点，最后形成新的链表。例如对链表 h 进行倒序链表操作，其步骤如下：

(1) 使指针 hp 指向链表 h，置 h 为 0(即设置 h 链表为空链表)。

(2) 从 hp 指向的链表第一个结点开始，依次从 hp 链表中删除每个结点，将所删除的结点再依次插入到 h 链表第一个结点之前，直到 hp 链表为空时结束。

实例 7-2-7：将实例 7-2-1 创建的单链表变换为倒序链表。

倒序链表函数 struct link *reverse(struct link *h) 代码如下：

```
01  struct link *reverse(struct link *h)        /* 链表倒序 */
02  {    struct link *hp, *p=NULL；hp=h;          /* 指针 hp 指向链表 h*/
03       h=NULL;                                 /* 链表 h 置为空链 */
04       while(hp)
05       {   p=hp;                               /* 指针 p 指向 hp*/
06           hp=hp->next;                        /* 指针 hp 指向链表下一个结点 */
07           p->next=h;                          /* 删除的结点插入到头结点之前 */
08           h=p;                                / 修改头指针 h*/
09       }
10       return h;
11  }
```

拓展训练四：

支付宝推出集福活动，请输出集到的 3 个福：harmonious、patriotic 和 friendly(和谐福、爱国福和友善福)。注意：每个链表都有一个头指针 head 用于存放第一个结点的地址，这样可以顺着第一个结点地址找到第二个结点地址。

7.3 共　用　体

共用体的类型说明和变量的定义方式与结构体的类型说明和变量定义的方式完全相

同，不同的是，结构体变量中的成员各自占有自己的存储空间，而共用体变量中的所有成员占有同一个存储空间。

7.3.1 共用体类型的说明和变量的定义

共用体类型说明的一般形式为：

union 共用体标识名
{ 类型名 1   共用体成员名 1；
   类型名 2   共用体成员名 2；
      ⋮
   类型名 n   共用体成员名 n；
};

例如：

union un_1
{ int i;
   double x;
}s1,s2,*p;

这里变量 s1 的存储空间如图 7-3-1 所示。

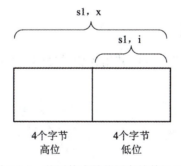

◆ 图 7-3-1 共用体成员共用存储单元示意图

说明：

(1) 共用体类型变量的定义，在形式上与结构体变量的定义非常相似，但它们在本质上是有区别的：结构体变量中的每个成员分别占有独立的存储空间，因此结构体变量所占内存字节数是其所有成员所占字节数的总和；而共用体变量中的所有成员共享一段公共存储区，所以共用体变量所占内存字节数与其各成员中占字节数最多的那个成员相等。例如，int 型占 4 个字节，double 型占 8 个字节，则以上定义的共用体变量 s1 占 8 个字节，而不是 4+8=12 个字节。

(2) 由于共用体变量中的所有成员共享存储空间，因此其所有成员的首地址均相同，而且变量的地址也就是其变量成员的首地址。例如，&s1=&s1.i==&s1.x。

(3) 由于共用体变量中的各个成员共用一段存储单元,所以在任何时刻,只能有一种类型的数据存放在共用体变量中,也就是说,在任何时刻只有一个成员有效,其他成员无效。

(4) 在定义共用体变量的同时初始化变量,此时只能对共用体变量的第一个成员进行初始化,不能同时对共用体变量的所有成员进行初始化。因此以上定义的变量 s1 和 s2 初始化时只能对成员 i 赋整型数据值。

(5) 共用体类型可以出现在结构体类型定义中,也可以定义共用体数组;反之,结构体也可以出现在共用体类型定义中,数组也可以作为共用体成员。

7.3.2 共用体变量的引用

1. 共用体变量中成员的引用

共用体变量中每个成员的引用方式与结构体完全相同,有以下 3 种形式:

(1) 共用体变量名 . 成员名。

(2) 指针变量名 -> 成员名。

(3) (* 指针变量名). 成员名。

例如:若 s1、s2 和 p 的定义如前,且有 p=&s1.i、&s1.x 或 p->i、p->x、(*p).i、(*p).x 都是合法的引用形式。

共用体变量中的成员变量同样可参与其所属类型允许的任何操作。但在访问共用体变量中的成员时应注意:共用体变量中起作用的是最近一次存入的成员变量的值,原有成员变量的值已被覆盖。

2. 共用体变量的整体赋值

ANSI 标准允许在两个类型相同的共用体变量之间进行赋值操作。设有:s1.i=5,则有如下执行:

```
s2=s1;
printf("%d\n",s2.i);
```

输出的值为 5。

3. 向函数传递共用体变量的值

同结构体变量一样,共用体类型的变量可以作为实参进行传递,也可以传递共用体变量的地址。

实例 7-3-1:利用共用体类型的特点分别取出 short 型变量高字节和低字节中的两个数。

```
01 #include<stdio.h>
02 union change
03 {   char c[2];
04     short  a;
```

```
05  }un;
06  main()
07  {    un.a=16961;
08       printf("%d,%c\n",un.c[0],un.c[0]);
09       printf("%d,%c\n",un.c[1],un.c[1]);
10  }
```

程序运行结果如图 7-3-2 所示。

◆ 图 7-3-2　实例 7-3-1 运行结果

本实例中的共用体变量 un 中包含两个成员，即字符数组 c 和 short 型变量 a，它们恰好都占两个字节的存储单元。由于是共用存储单元，给 un 的成员 a 赋值后，内存中数据的存储情况如图 7-3-3 所示。

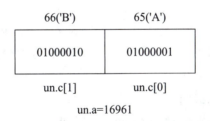

◆ 图 7-3-3　共用体成员赋值后数据存储示意图

当给成员 un.a 赋 16961 后，系统将按 short 整型把数存放在存储空间中，分别输出un.c[1]、un.c[0]，即完成把一个 short 整型数分别按高字节和低字节进行输出的操作。

实例 7-3-2：设计一个一次只能装一种水果的罐头瓶。

因题目要求罐头瓶一次只能装一种水果，结合共用体变量任何时候只有一个成员有效的特点，所以本实例将罐头瓶的数据类型设计为一个共用体，该共用体包括黄桃、椰子和山楂 3 个成员。

代码如下：

```
01  #include "stdio.h"          /* 包含头文件 */
02  #include<string.h>
     /* 表示桃结构体 */
03      struct peaches {
04          char name[64];
05      };
```

```
      /* 表示椰子结构体 */
06    struct coconut {
07        char name[64];
08    };
09  /* 表示山楂结构体 */
10    struct hawthorn {
11        char name[64];
12    };
      /* 表示罐头共用体 */
13    union tin {
14    struct  peaches p;
15    struct  coconut c;
16    struct  hawthorn h;
17    };
18    int main()                          /* 主函数 main*/
19    {
20    union tin t;                        /* 定义一个共用体 */
21    strcpy(t.p.name, " 桃 ");            /* 将相应的名字复制给相应的变量 */
22    strcpy(t.c.name, " 椰子 ");
23    strcpy(t.h.name, " 山楂 ");
24    printf(" 这个罐头瓶装 %s\n",t.p.name);  /* 输出信息 */
25    return 0;                           /* 程序结束 */
26  }
```

程序运行结果如图 7-3-4 所示。

图 7-3-4　实例 7-3-2 运行结果

公司员工准备在美团网上订午餐，在米饭、面条和水饺这 3 家店之间进行选择，最终因为当天是冬至决定吃饺子，模拟此场景。

7.4　枚举类型

在实际应用中，有些变量只有几种可能的取值，如交通信号灯只有红、黄和绿 3 种颜色，一个人的性别只有男、女两种，一天只有 24 小时，一个小时只有 60 分钟等等。在 C 语言中，可以将这些只有有限个取值的变量定义为枚举类型。枚举是指将变量的值一一列举出来，变量只能在列举出来的值的范围内取值。从应用的角度出发，将枚举类型划归为构造类型，因为并不是直接使用枚举类型关键字定义变量，而是先构造一个新类型，然后用这个类型名定义变量。

7.4.1　枚举类型的定义

枚举类型介绍

1. 枚举类型

定义一个枚举类型的一般形式为：

enum 枚举名 {　枚举值列表　};

(1) 关键字 enum 是枚举类型的标志，"enum 枚举名"构成枚举类型。

(2) 枚举是一个集合，集合中的元素 (称为枚举成员或枚举常量) 是一些特定的标识符，各元素之间用逗号隔开。例如：

enum color{red,yellow,green,blue,black};

定义了一个枚举类型 enum color，它有 5 种颜色的可取值。

(3) 在枚举类型中，枚举成员是有值的，第一个枚举成员的默认值为 0，后续成员的值依次递增。如上述枚举类型 enum color 中，成员 red、yellow、green、blue 和 black 的值分别为 0、1、2、3、4。

(4) 枚举成员是常量，不能对它们赋值。如"red=1；"是错误的，但是在定义枚举类型时可以指定枚举成员的值。例如：

enum color{red=7,yellow=3,green,blue,black};

则成员 red 的值为 7，yellow 的值为 3，green、blue 和 black 的值是在前一个值的基础上顺序加 1，分别是 4、5、6。

(5) 同一个程序中不能定义同名的枚举类型，不同的枚举类型中也不能存在同名的枚举成员。

2. 枚举变量

声明了枚举类型后，可以使用它来定义枚举变量，定义的方法与结构和共用体类似，有以下 3 种形式：

(1) 先定义枚举类型，然后定义枚举变量。

enum color {red,yellow,green,blue,black};

enum color c1,c2;

(2) 定义枚举类型的同时定义枚举变量。

enum color {red,yellow,green,blue,black} c1,c2;

(3) 直接定义枚举变量。

enum {red,yellow,green,blue,black} c1,c2;

使用枚举变量时需注意：

(1) 枚举变量的值只能为枚举类型中列举出来的枚举成员，如"c1=red;"，则 c1 的值为 0。

(2) 枚举成员不是字符常量或字符串常量，使用时不能加单引号或双引号。

(3) 不能将一个数值直接赋值给枚举变量，如"c1=3;"是错误的，但是可以使用强制类型转换进行赋值，如"c1=(enum color)3;"，其含义是将枚举类型 enum color 中值为 3 的成员赋值给变量 c1，相当于"c1=blue；"。

7.4.2 枚举类型的使用

1. 枚举类型数据的输入输出

实例 7-4-1：从键盘输入一个整数，显示与该整数对应的枚举常量所表示的水果名称。

分析：枚举类型的数据不能直接进行输入输出。在输入时应先输入其对应的序号，然后将该序号强制转换成对应的数据再将其输出。

```
01  #include<stdio.h>
02  enum fruits{watermelon,peach,strawberry,banana,pineapple,apple};
03  int main()
04  {    char fts[][20]={ "watermelon","peach","strawberry","banana","pineapple","apple" };
05       enum fruits x;
06       int k;
07       printf("input k=(0 ～ 5):");
08       scanf("%d",&k);
09       x=(enum fruits)k;        /* 强制类型转换 */
10       printf("%s\n",fts[x]);   /* 输出对应的水果英文名称 */
11       return 0;
12  }
```

程序运行结果如图 7-4-1 所示。

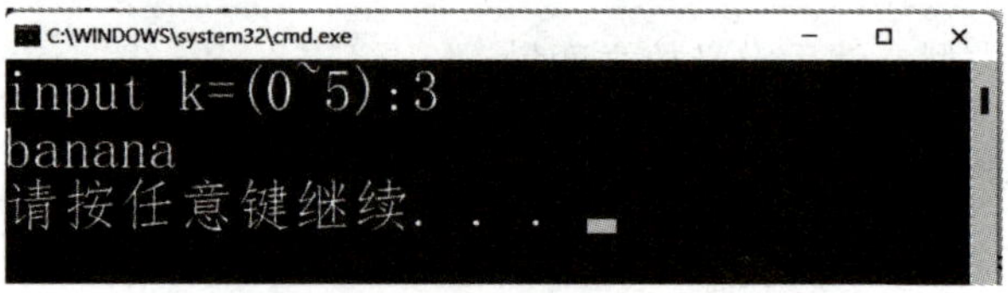

◆ 图 7-4-1　实例 7-4-1 运行结果

2. 枚举类型数据的关系运算

同一种枚举类型数据之间是可以进行关系运算的，在对枚举类型数据进行比较时是对其序号值进行的。

实例 7-4-2：某餐厅用西瓜、桃子、草莓、香蕉、菠萝和苹果 6 种水果制作水果拼盘，要求每个拼盘中有 4 种不同水果。编写程序计算可以制作出多少种满足题目要求的水果拼盘。

分析：由于水果拼盘中只有 6 种水果，因此可定义 1 个枚举类型 enum fruits，使某个变量只能在这 6 种水果中取值。题目要求用 4 种不同的水果组成 1 个拼盘，所以使用 4 个变量分别从枚举类型 enum fruits 中取不同的值，从而可以得出制作符合条件的水果拼盘的种类。

```c
01  #include<stdio.h>
02  enum fruits{ watermelon,peach,strawberry,banana,pineapple,apple};
03  int main()
04  {    char fts[][20]={" 西瓜 "," 桃子 "," 草莓 "," 香蕉 "," 菠萝 "," 苹果 "};
05       enum fruits x,y,z,p;
06       int k=0;
07       for(x=watermelon;x<=apple;x++)
08         for(y=x+1;y<=apple;y++)
09            for(z=y+1;z<=apple;z++)
10               for(p=z+1;p<=apple;p++)
11                  printf("%d;%s%s%s%s\n",++k,fts[x],fts[y],fts[z],fts[p]);
12       printf(" 可以制作出 %d 种水果拼盘 ", k);
13       return 0;
14  }
```

运行结果如图 7-4-2 所示。

◆ 图 7-4-2 实例 7-4-2 运行结果

拓展训练六：

定义枚举类型，代表一年中的 4 个季节，给季节枚举类型分别赋值，并用整数格式输出 4 个季节的值。

习 题 7

一、单选题

1. 下面是关于结构体类型与变量的定义语句，其中错误的是 (　　)。

A. struct test{int a; int b; int c;}; struct test y;

B. struct test{ int a; int b; int c;} struct test y;

C. struct test{ int a; int b; int c;} y;

D. struct { int a; int b; int c;} y;

2. 有以下程序段

```
struct st
{    int x;
     int *y;
}*pt;
int a[]={1,2},b[]={3,4};
struct st c[2]={10,a,20,b};
pt=c;
```

则以下选项中表达式的值为 11 的是 (　　)。

A. *pt->y　　　　　B. pt->x　　　　C. ++pt->x　　　D. (pt++)->x

3. 根据下面的定义，能打印出字母 M 的语句是 (　　)。

```
struct person
{    char name[9];
     int age;
};
struct person class[10]={"John",17, "Paul",19,"Mary",18, "Adam",16};
```

A. printf("%c\n",class[3].name);　　　　　B. printf("%c\n",class[3].name[1]);

C. printf("%c\n",class[2].name[1]);　　　　D. printf("%c\n",class[2].name[0]);

4. 若要使表达式 "x++" 无语法错误，则变量 x 不能声明为 (　　)。

A. float x;　　　　B. long x;　　　　　C. int *x;　　　D. struct{ int y;}x;

5. 已有定义 "struct ss{int n; struct ss *b;}a[3]={{5, &a[1]}, {7, &a[2]}, {9, 0}}, *ptr=&a[0];"，则下面的选项中值不为 7 的表达式是 (　　)。

A. ptr->n　　　　B. (++ptr)->n　　　　C. x[1].n　　　D. x[0].b->n

二、编程题

1. 统计候选人选票。设有 3 个候选人，每次输入一个获得选票的候选人的名字，要求最后输出 3 个候选人的得票结果。

2. 编写程序，输入若干个学生的学号、姓名和成绩，输出学生的成绩等级和不及格人数。等级设置为：0 ～ 59 为 E、60 ～ 69 为 D、70 ～ 79 为 C、80 ～ 89 为 B 和 90 ～ 100 为 A。要求使用结构体指针作为参数进行传递。

3. 设有一个单向链表结点的数据类型被定义为：

```
struct node
{    int x;
     struct node *next;
};
```

要求定义一个 fun 函数遍历 h 所指向的链表的所有结点，当遇到 x 值为奇数的结点时，将该结点移到 h 链表的第一个结点之前，函数返回链表首结点地址。分别输出原始链表及修改后链表中所有结点的 x 值。

模块 8　图书数据的存储

【学习目标】

- 理解和掌握文件的打开、关闭；
- 掌握文件的读写操作。

【模块描述】

本模块也是通过函数来实现模块化程序设计的。通过自定义函数 add 添加图书信息，添加完成后将图书信息列表保存在磁盘文件中。在浏览和删除数据时，首先将数据读入结构体数组中，对结构体数组进行操作后，再将其中的数据保存到文件中。本模块用 save 函数将结构体数组存入 lialist.txt 文件中，用 read 函数将 lialist.txt 文件的数据导入结构体数组中。

◆ 【源代码参考】

```c
/* 保存文件 */
int save(int n)
{
    int i;FILE*fp;
    if((fp=fopen("lialist.txt","wt"))==NULL)
    {
        printf(" 无法打开文件 ");
        return 0;
    }
    printf("\n 保存文件 \n");
    for(i=0;i<n;i++)
    fprintf(fp,"%s%s%s%s\n",s[i].name,s[i].writer,s[i].press,s[i].year);
    fclose(fp);
    printf(" 保存成功 \n");
    //menu();
    return 1;}
/* 从文件读取 */
int read()
{
    int i;
    FILE*fp;
    if((fp=fopen("lialist.txt","rt"))==NULL)
    {
        printf(" 无法打开文件 ");
        return 0;
    }
    printf("\n\t 图书名 \t\t 作者 \t\t 出版社 \t\t 印刷年份 \n");
    printf("-----------------------------------------------\n");
    for(i=0;!feof(fp);i++)
    {
        fscanf(fp,"\t%s\t\t%s\t\t%s\t\t%s",s[i].name,s[i].writer,s[i].press,s[i].year);
        printf("\t%s\t\t%s\t\t%s\t\t%s",s[i].name,s[i].writer,s[i].press,s[i].year);
```

```
    }
    printf("------------------------------------------------\n");
    fclose(fp);
    printf(" 读取完毕 ");
    return 1;
}
```

【思政教育】

　　本模块主要内容为文件，文件主要用来存储信息。文件中的数据安全是不容忽视的重点内容，在学习编程语言过程中，应该特别关注程序的数据安全问题，要通过学习养成数据安全意识。

增强数据安全意识　共同维护国家安全

　　当代社会的信息化和网络化发展在不断地深入，数据已逐渐成为与物质资产和人力资本同样重要的基础性生产要素，因此数据又被广泛认为是推动经济社会创新发展的关键因素。拥有数据的规模和运用能力，不仅是企业或组织业务发展的核心驱动力，而且已成为国家经济发展的新引擎，同时也是综合国力的重要组成部分。随着云计算、大数据、物联网、智慧城市、移动互联网等技术和应用的日渐兴起，发展大数据已成为大势所趋。

　　然而，数据在体现和创造价值的同时，也面临着严峻的安全风险。一方面是由于数据的流动打破了安全管理的边界，导致了数据管理主体风险控制力的减弱；另一方面又因为数据资源的价值巨大，引发数据安全风险在持续蔓延，数据被窃取、泄露、滥用、劫持等攻击事件频发。

　　网络空间与现实社会一样，既需要自由，也需要秩序。有效应对数据安全风险，已成为保障社会稳定、经济繁荣的重要基础，也是国家网络安全保障体系的重要组成部分。因此所有涉及网络和信息安全相关的组织机构、企事业单位都应当贯彻国家安全法的有关规定，坚持总体国家安全观，以人民安全为宗旨，以政治安全为根本，以经济安全为基础，以军事、文化和社会安全为保障。数据安全是一项系统工程，要坚持经济发展与安全管理并重，要积极发挥政府机关、行业主管部门、组织和企业、个人等多元主体作用，依据《国家安全法》《网络安全法》等法律法规要求，使其共同参与到我国网络与信息安全保障体系建设工作中来，做到知法守法，认真履行数据安全风险控制有关义务和职责，增强数据安全可控意识，共同维护国家安全秩序。

　　近年来，我国持续加强网络与信息的安全管理，主要体现在以下几方面：

　　一是由国家层面统筹规划，加强监督管理。面对国家安全的新形势，深入贯彻总体国家安全观，国家层面有关主管部门依据《国家安全法》《网络安全法》等法律法规，健全有关国家安全政策,防范化解数据安全风险,保障国家政权主权安全、社会稳定和经济繁荣。

二是从产业层面夯实基础,提高行业自律水平。网络运营者要依据《国家安全法》第二章中有关维护国家安全任务的规定,加强网络和信息技术的创新研究与开发应用,针对数据采集、存储、传输、处理、交换、销毁等环节,加强全生命周期有关安全保障,从制度流程、人员能力、管理体系、组织建设、技术工具等方面加强数据安全能力建设,重点加强个人数据和重点数据的安全管理,维护国家网络空间主权、安全和发展利益。

三是个人用户要加强学习,强化安全风险意识。个人用户在享受网络产品和服务便利功能的同时,也要加强学习,提高法律认识,强化数据安全风险意识,知晓法律规定公民应享有的权益。在网络空间命运共同体中,每个公民都是其中的一员,从自身做起,发挥人民的力量,共同维护国家安全秩序,这也是我国公民的责任和义务,归根结底也是新时代维护最广大人民根本利益的重要内容。

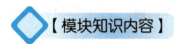

【模块知识内容】

8.1 文　件

文件是指存储在外部介质上的数据的集合。操作系统是以文件为单位对数据进行管理的。如果想找到存储在外部介质上的数据,则必须先按文件名找到所需文件,然后再从该文件中读取数据。要在外部介质上存储数据就必须先建立一个文件,然后才能向它输出数据,如图 8-1-1 所示。

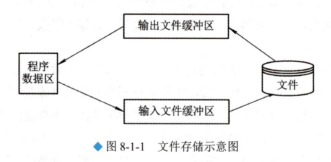

◆ 图 8-1-1　文件存储示意图

从用户角度来看,文件可分为特殊文件(标准输入/输出文件或标准设备文件)和普通文件(磁盘文件)。

从操作系统的角度来看,每一个与主机相连的输入/输出设备都可看作一个文件。例如,可将终端键盘看作输入文件,将显示屏和打印机看作输出文件。

1. 文件的分类

(1)根据文件的内容,可分为程序文件和数据文件,程序文件又可分为源文件、目标文件和可执行文件。

(2) 根据文件的组织形式，可分为顺序存取文件和随机存取文件。

(3) 根据文件的存储形式，可分为 ASCII 码文件和二进制文件。

ASCII 码文件的每 1 个字节存储 1 个字符，因而便于对字符进行逐个处理，但一般占用存储空间较多，而且还要花费转换的时间 (二进制与 ASCII 码之间的转换)。二进制文件是把内存中的数据原样输出到磁盘文件中，可以节省存储空间和转换时间，但 1 个字节并不对应 1 个字符，不能直接输出字符形式。

2. C 语言对文件的处理方法

(1) 缓冲文件系统：系统自动地在内存区为每一个正在使用的文件开辟一个缓冲区。用缓冲文件系统进行的输入 / 输出又称为高级磁盘输入 / 输出。

(2) 非缓冲文件系统：系统不自动开辟确定大小的缓冲区，而由程序为每个文件设定缓冲区。用非缓冲文件系统进行的输入 / 输出又称为低级输入 / 输出系统。

8.2　文件的打开和关闭

C 语言规定，对磁盘文件进行读写之前首先应该"打开"该文件，然后再进行具体的"读写"操作；在文件使用结束后，应该"关闭"该文件。

文件的操作解析

8.2.1　文件类型指针

在 C 语言中，对文件操作必须定义一个文件指针变量，只有通过文件指针变量，才能实现对文件的访问。

C 语言的文件管理系统为每个文件在内存中开辟一个存储空间，用来存放诸如文件的名字、文件的状态及文件当前位置等有关信息。这些信息被保存在一个由系统定义的、取名为 FILE 的结构体类型的变量中。FILE 定义形式如下：

```
typedef struct short level;        /* 缓冲区"满"或"空"的程度 */
{   unsigned flags;                /* 文件状态标志 */
    charfd;                        /* 文件描述符 */
    unsigned char hold;            /* 如无缓冲区不读取字符 */
    short bsize;                   /* 缓冲区的大小 */
    unsigned char *buffer;         /* 数据缓冲区的位置 */
    unsigned ar *curp;             /* 指针当前的指向 */
    unsigned istemp;               /* 临时文件，指示器 */
    short token;                   /* 用于有效检查 */
}FILE;
```

例如，可以定义一个 FILE 类型的数组：

```
FILE fi[3];
```

该数组定义了一个结构体数组 fi，它有 3 个元素，可以用来存放 3 个文件的信息。

又如，可以定义一个文件型指针变量：

FILE *fp；

fp 是指向 FILE 类型结构体的指针变量，可以使 fp 指向某一文件的结构体变量，从而通过结构体变量中的文件信息访问该文件。

8.2.2　文件的打开

C 语言在标准输入 / 输出函数库中定义了对文件操作的若干函数，其中 fopen 函数用来打开磁盘文件。其一般格式为：

FILE *fp；

fp=fopen(" 文件名 "，" 文件使用方式 ");

功能：以指定的文件使用方式打开一个文件。

说明：

(1) fp 是 FILE 文件类型指针，用来指向被打开文件数据区 (结构变量) 的起始地址。

(2) "文件名"为要打开文件的文件名，若不在当前默认路径，则要把路径书写完整。

(3) "文件使用方式"指文件类型和操作方式，如表 8-2-1 所示。

表 8-2-1　文件使用方式

文件使用方式	含　义
r (只读)	为输入打开一个文本文件
w (只写)	为输出打开或建立一个文本文件
a (追加)	向一个文本文件尾部追加数据
rb (只读)	为输入打开一个二进制文件
wb (只写)	为输出打开或建立一个二进制文件
ab (追加)	向一个二进制文件尾部追加数据
r+ (读写)	为读写打开一个文本文件
w+ (读写)	为读写建立一个新的文本文件
a+ (读写)	为读写打开或建立一个新的文本文件
rb+ (读写)	为读写打开一个二进制文件
wb+ (读写)	为读写建立一个新的二进制文件
ab+ (读写)	以读写打开一个二进制文件，且以追加方式写入数据

例如：

FILE *fp；

fp=fopen("b1"，"r");

表示要打开名字为 b1 的文件，文件使用方式为"只读"。fopen 函数返回一个指向 b1 文件的指针赋给 fp，这样 fp 就指向 b1 文件。

当打开一个文件时，可以通过 fopen 函数是否返回一个 NULL 空指针值来判断文件是否被正常打开。例如：

```
if(fp=fopen("bl", "r")==NULL)            /* 判断文件名为 b1 的文件是否被正常打开 */
{
    printf("The file cannot be opened");
    exit(0);
}
```

8.2.3　文件的关闭

使用完一个文件后，应该及时将其关闭，以防止再被误用，导致数据丢失。其一般格式为：

```
fclose( 文件指针 );
```

函数功能：使文件指针变量不指向该文件，也就是文件指针变量与文件"脱钩"，此后不能再通过该指针对原来与其相联系的文件进行读写操作。

返回值：关闭成功返回值为 0；否则返回非 0 值。

8.3　文件的顺序读写

文件的顺序读写介绍

文件被成功打开后，就可以对它进行读写操作了，文件的顺序读写指的是按数据流的先后顺序对文件进行读写操作。在 C 语言中，对文件的读写操作是通过函数调用实现的。

8.3.1　fputs 函数和 fgets 函数

1. fputs 函数

fputs 函数的一般格式为：

```
fputs(str, fp);
```

功能：把一个字符串写到指定的磁盘文件中。

说明：

(1) str 为字符数组或字符型指针，fp 为 FILE 类型的文件指针变量。

(2) fputs 函数把某一个字符串输出到指定的文件中。

(3) fputs 函数带有返回值，若输出成功，则返回值为 0，否则为非零值。

2. fgets 函数

fgets 函数的一般格式为：

```
fgets(str，m，fp);
```

功能：从指定的磁盘文件中读取一个字符串。

说明：

(1) str 为字符数组或字符型指针。

(2) fp 为 FILE 类型的文件指针变量。

(3) m 为正整数，表示从文件中读取不超过 m-1 个字符，在读取的最后一个字符后加上字符串结束标志 '\0'。如果在完成读取 m-1 个字符之前，遇到换行符或 EOF，则读入过程立即结束，fgets 的返回值为 str 的首地址；若只读到文件尾或出错，则返回空指针 NULL。

实例 8-3-1：从键盘上输入 3 行字符，并存入指定的文件 file.doc 中。

```c
01  #include <stdlib.h>
02  int main()
03  {
04      int i;
05      char str[81];
06      FILE *fp;
07      if((fp=fopen("file.doc","w"))==NULL)        /* 创建 doc 文件且判断能否正常打开 */
08      {
09          printf("The file cannot be opened");
10          exit(0);
11      }
12      for(i=1;i<4;i++)                            /* 循环 3 次，写入 3 行字符串 */
    /* 接收字符串保存在数组中 */
13      {
14          gets(str);
15          fputs(str,fp);                          /* 把字符串写到文件上 */
16          fputs("\n",fp);
17      }
18      fclose(fp);                                 /* 关闭文件 */
19      return 0;
20  }
```

程序运行结果如图 8-3-1 所示。

◆ 图 8-3-1　实例 8-3-1 运行结果

执行程序后，在该项目文件中会发现 file.doc 文件被创建了，并且打开该文档，能看到如图 8-3-2 所示的文字。

◆ 图 8-3-2　file.doc 中显示的结果

这说明字符串被成功写到 file.doc 文件中。

实例 8-3-2：续实例 8-3-1，文件 file.doc 已经存在并存有 3 行字符，现要从文件 file.doc 中读取字符，并显示在屏幕上。

```
01  #include <stdlib.h>
02  int main()
03  {
04      char str[30];
05      FILE *fp;
/* 创建 doc 文件且判断能否正常打开 */
06      if((fp=fopen("file.doc","r"))==NULL)
07      {
08          printf("The file cannot be opened\n");
09          exit(0);
10      }
11      while(fgets(str,30,fp)!=NULL)      /* 读取字符串 */
12      printf("%s",str);                  /* 输出已读取的字符串 */
13      fclose(fp);                        /* 关闭文件 */
14      return 0;
15  }
```

程序运行结果如图 8-3-3 所示。

◆ 图 8-3-3　实例 8-3-2 运行结果

这表明 file.doc 文件里的字符串被成功读取，且被输出显示在屏幕上。

拓展训练一：

创建文件，文件内容为李白的《行路难》，并将诗句输出在控制台上。

8.3.2　fwrite 函数和 fread 函数

在编程时经常需要读写由各种类型数据组成的字段，此时可以用 fread 和 fwrite 两个函数来实现数据字段的读写。

1. fwrite 函数

fwrite 函数的一般格式为：

```
fwrite(buffer，size，count，fp);
```

功能：将一组数据输出到指定的磁盘文件中。

说明：

(1) buffer 用于存放输出数据的缓冲区指针，指向输出数据的起始地址。

(2) size 是输出的每个数据项的字节数。

(3) count 是指要输出多少个 size 字节的数据项。

(4) fp 是 FILE 类型的文件指针变量。

2. fread 函数

fread 函数的一般格式为：

```
fread(buffer，size，count，fp);
```

功能：从指定的文件中读入一组数据。

说明：

(1) buffer 用于存放读入数据的缓冲区指针，指向读入数据的起始地址。

(2) size 是读入的每个数据项的字节数。

(3) count 是指要读入多少个 size 字节长的字段。

(4) fp 是 FILE 类型的文件指针变量。

实例 8-3-3： 从键盘输入 8 个整数并存入文件 file.dat 中，然后再从该文件中读取后 6 个整数且逆序输出。

```
01  #include "stdio.h"
02  int main()
03  {
04      FILE *fp;
05      int d[8],i;
06      for(i=0;i<8;i++)
07          scanf("%d",&d[i]);              /* 存入 8 个整数到数组 d 中 */
08      if((fp=fopen("file.dat","w+"))==NULL)  /* 判断是否能正常打开文件 */
09          printf("The file cannot be opened. ");
10      else
11      {
12          fwrite(d,4,8,fp);              /* 把 8 个整数写入指定的文件中 */
13          fclose(fp);
14      }
15      if((fp=fopen("file.dat","w+"))==NULL)
16          printf("The file cannot be opened. ");
17      else
18      {
19          fread(d,4,8,fp);              /* 从文件中读入数据到数组 d 中 */
20          for(i=7;i>=2;i--)            /* 逆序输出后 6 个整数 */
21              printf("%-3d",d[i]);
22      }
23      return 0;
24  }
```

程序运行结果如图 8-3-4 所示。

◆图 8-3-4　实例 8-3-3 运行结果

拓展训练二：

某企业春季招聘，经过 3 轮面试，人事经理筛选了 3 名实习生，输入实习生信息，并将信息显示出来。

8.3.3　fprintf 函数和 fscanf 函数

如果要对文件进行格式化输入／输出，就要用到 fprintf 函数和 fscanf 函数。从这两个函数名称就可以看出，它们只是在 printf 函数和 scanf 函数的前面分别加了一个字母 f。因此其作用与 printf 函数和 scanf 函数相似，都是格式化读写函数。只有一点不同，那就是 fprintf 函数和 fscanf 函数的读写对象不是终端而是文件。

1. fprintf 函数

fprintf 函数的一般格式为：

> fprintf(文件类型指针，格式控制，输出列表);

功能：将"输出列表"变量中的数据输出到"文件类型指针"所标识的文件中。

例如：将 int 型变量 i 和 float 型变量 f 的值分别按照 %d 和 %6.2f 的格式输出到 fp 指向的文件中。

> fprintf(fp , "%d, %6.2f ", i, f);

一般来讲，由 fprintf 函数写入磁盘文件中的数据，应由 fscanf 函数以相同格式从磁盘文件中读出。

2. fscanf 函数

fscanf 函数的一般格式为：

> fscanf(文件类型指针，格式控制，地址列表);

功能：从"文件类型指针"所标识的文件读入一个字符流，存入"地址列表"对应的变量中。

例如：磁盘文件上如果有字符 "3，4.5"，则从中读取整数 3 送给整型变量 i，读取实数 4.5 送给 float 型变量 f。

> fscanf(fp, "%d,%f",&i,&f);

注意：在利用 fscanf 函数从文件中进行格式化输入时，一定要保证格式说明符与所对应输入数据的一致性，否则会出错。通常的做法是用什么样的格式写入数据，就应用与之相对应的格式读出数据。

拓展训练三：

期末考试后，老师需要审阅考试卷，编写程序将选择题答案显示出来。

⚙ 8.4　文件的定位及随机读写

文件的定位和
随机读写介绍

对文件进行顺序读写比较容易理解，也容易操作，但有时效率不高。而随机读写不是按照数据在文件中存储的物理位置次序进行读写，而是可以对任何位置上的数据进行读写，显然这种方法比顺序读 / 写效率高得多。

1. 文件的定位

为了对读写进行控制，系统为每个文件设置了一个文件读写位置标记，用来指示接下来要读写的字符的位置。一般情况下，在对字符文件进行顺序读写时，文件位置标记指向文件开头，这时如果对文件进行读写操作，读写完第 1 个字符后，文件位置标记顺序向后移一个位置，在下一次执行读写操作时，就将位置标记指向的第 2 个字符进行读出或写入。依此类推，直到文件末尾，此时文件位置标记在最后一个数据之后，如图 8-4-1 所示。

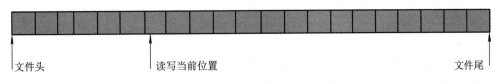

文件头　　　　　　　　　读写当前位置　　　　　　　　　　　　文件尾

◆ 图 8-4-1　文件位置标记示意图

对流式文件既可以进行顺序读写，也可以进行随机读写，其关键在于如何控制文件读写位置标记。如果文件读写位置标记是按字节位置顺序移动的，则这种文件读写的方式就是顺序读写。如果文件读写位置标记可以按照需要移动到任意位置，则这种文件读写的方式就是随机读写。所谓随机读写，是指读写完上一个字符 (字节) 后，并不一定要读写其后续的字符 (字节)，而是可以读写文件中任意位置上所需要的字符 (字节)。即对文件读写数据的顺序和数据在文件中的物理存储顺序一般是不一致的。

(1) 用 rewind 函数使文件读写位置标记指向文件开头。其一般格式为：

```
rewind( 文件指针 );
```

说明：rewind 函数的作用是使文件读写位置标记重新返回到文件的开头，此函数没有返回值。

(2) 用 fseek 函数改变文件读写位置标记。其一般格式为：

```
fseek( 文件类型指针，位移量，起始点 );
```

说明："起始点"用 0，1 或 2 代替，0 代表文件开始位置，1 为当前位置，2 为文件末尾位置。"位移量"指以"起始点"为基点，向前移动的字节数 (长整型)。

fseek 函数一般用于二进制文件。例如：

```
fseek(fp, 100L, 0);      /* 将文件位置标记向前移到离文件开头 100 个字节处 */
fseek(fp, 50L, 1);       /* 将文件位置标记向前移到离当前位置 50 个字节处 */
fseek(fp, -10L, 2);      /* 将文件位置标记从文件末尾处向后退 10 个字节 */
```

(3) 用 ftell 函数测定读写文件位置标记的当前位置。

ftell 函数的作用是得到流式文件中文件位置标记的当前位置，用相对于文件开头的位移量来表示。如果调用函数时出错 (如不存在 fp 指向的文件)，则 ftell 函数返回值为 -1L。
例如：

```
i=ftell(fp)                      /* 变量 i 存放文件当前位置 */
if(i==-1L) printf("error\n ");    /* 如果调用函数时出错，则输出 "error"*/
```

实例 8-4-1：在磁盘文件上存有 10 个学生的数据。要求将第 1、3、5、7、9 个学生的数据输入计算机，并在屏幕上显示出来。

```
01    #include<stdio.h>
02    struct Student_type                              /* 学生数据类型 */
03    {
04        char name[10];
05        int num;
06        int age;
07        char addr[15];
08    }stud[10];
09    int main()
10    {
11        int i;
12        FILE *fp;
13        if((fp=fopen("stu.dat"," rb"))== NULL)        /* 以只读方式打开二进制文件 */
14        {
15          printf("can not open file\n");
16          exit(0);
17        }
18        for(i=0;i<10;i+=2)
19        {
20          fseek(fp,i*sizeof(struct Student_type),0);       /* 移动文件位置标记 */
21          fread(&stud[i],sizeof(struct Student_type),1,fp);  /* 读一个数据块到结构体变量 */
22          printf("%-10s%4d%4d%-15s\n",stud[i].name, stud[i].num, stud[i].age, stud[i].addr);
                                                            /* 输出至屏幕 */
23        }
24        fclose(fp);
25        return 0;
26    }
```

2. 文件的随机读写

利用 fseek 函数可以实现文件的随机读写。fseek 函数可以按位移量来移动文件的位置标记，函数调用的一般格式为：

fseek(文件指针，位移量，起始点);

其中："文件指针"指向被移动的文件；"位移量"表示移动的字节数，是 long 型数据，以便在文件长度大于 64 KB 时不会出错，当用常量表示位移量时，要求加后缀"L"；"起始点"表示从何处开始计算位移量，规定的起始点有 3 种，即文件首、当前位置和文件尾。文件位置的详细表示方法如表 8-4-1 所示。

表 8-4-1   文件位置的表示方法

起始点	表示符号	用数字表
文件开始位置	SEEK_SET	0
文件当前位置	SEEK_CUR	1
文件末尾位置	SEEK_END	2

fseek 函数一般用于二进制文件。由于在文本文件中要进行转换，所以计算的位置可能会出现错误。

移动文件位置标记后，即可用前面介绍的任一种读写函数进行读写。由于一般是读写一个数据块，所以常用 fread 和 fwrite 函数进行操作。

拓展训练四：

快递员在送快递时，为了送货及时，快递员将收货人电话后 4 位写到快递包裹上，如 138****5956，只输出 5956。

习 题 8

一、选择题

1. 当文件被正常关闭时，fclose 函数的返回值是 (   )。

A. true   B. 0   C. -1   D. 1

2. 如果要用 fopen 函数打开一个新的二进制文件，该文件要既能读也能写，则文件打开方式应为 (   )。

A. "wb+"   B. "ab+"   C. "rb+"   D. "ab"

3. 下列关于文件的叙述中，正确的是 (   )。

A. C 语言中的文件是流式文件，因此只能顺序存取文件中的数据

B. 调用 fopen 函数时，若用"r"或"r+"模式打开一个文件，则该文件必须在指定的存储位置或默认的存储位置处存在

C. 当对文件进行了写操作后，必须先关闭该文件然后再打开，这样才能读到该文件中的第 1 个数据

D. 无论以何种模式打开一个已存在的文件，在进行了写操作后，原有文件中的全部数据必定被覆盖

4. 若只允许对数据文件 abc.txt 做一次打开文件的操作，然后修改其中的数据，则打开文件的语句应为 "fp=fopen("abc.txt",　　);"。

A. "w+"　　　　　B. "r+"　　　　　C. "a+"　　　　　D. "r"

5. 如果要打开 E 盘上 user 文件夹下名为 abc.txt 的文本文件进行读写操作，则下面符合此要求的函数调用是 (　　)。

A. fopen("e:\user\abc.txt","r")　　　　B. fopen("e:\\user\\abc.txt","r+")

C. fopen("e:\user\abc.txt","rb")　　　　D. fopen("e:\user\abc.txt","w")

二、编程题

1. 编写一个程序，实现将用户从键盘上输入的若干行文字存储到磁盘文件 text.txt 中。

2. 编写一个程序，接受用户从键盘上输入的多个学生信息，学生的信息包括姓名和 3 门课程的成绩，然后将这些信息保存到磁盘文件。已知学生信息定义如下：

```
struct student
{    char  name[10];
     float  score[3];
};
```

3. 编写一个程序，要求读入上述第 1 题建立的文件 text.txt，并统计文件的行数、字数和字符数。

4. 编写一个程序，将文件 number1.txt 中的字符 '0' 替换为字符 'a'，将替换后的结果写入文件 number2.txt。

5. 编写一个程序，将文件 number1.txt 和文件 number2.txt 的内容合并到文件 number3.txt 中。

拓展实训篇

TUOZHANG SHIXUN PIAN

实训 1 贪吃蛇游戏

实训设置意义

贪吃蛇游戏是一款老少皆宜的经典游戏，也是一款特别流行的小游戏，深受人们的喜爱。游戏规则很简单，控制蛇的移动，去吃食物，食物被吃之后还会随机出现，但要注意蛇不能撞到墙壁。

实训功能分析

该游戏主要是控制蛇的移动，去吃食物，食物被吃之后还会随机出现，但要注意蛇不能撞到墙壁。实现贪吃蛇游戏功能的流程图如实训图 1-1 所示。

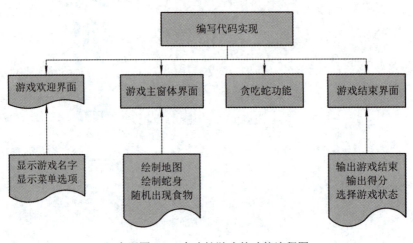

◆ 实训图 1-1　贪吃蛇游戏的功能流程图

实训制作步骤

一、贪吃蛇游戏欢迎界面的实现

游戏欢迎界面的实现包括创建文件和编写代码两个部分。

贪吃蛇游戏
代码解析

1. 创建文件

在 Visual C++ 2010学习版开发工具中编写程序，需要先创建一个文件，创建步骤如下：

(1) 单击菜单中的"文件"，选择"新建"菜单项，再选择"项目"菜单项。

(2) 在新建项目对话框中选择"空项目"，输入项目名称，选择存放位置。

(3) 用鼠标右键单击"源文件"，在弹出的选项卡中选择"新建项"，创建 tanchis.c 源文件。

2. 编写代码

贪吃蛇游戏欢迎界面的实现过程如下：

(1) 本程序引用的头文件、宏定义以及函数声明的具体代码如下：

```c
#include<stdio.h>                  // 标准输入 / 输出函数库
#include<time.h>                   // 用于获得随机数
#include<windows.h>               // 控制 dos 界面
// 即 standard library 标志库头文件，里面定义了一些宏和通用工具函数
#include<stdlib.h>
#include<conio.h>                  // 接收键盘输入 / 输出
/******* 宏 定 义 *******/
#define U 1
#define D 2
#define L 3
#define R 4                        // 蛇的状态，U：上；D：下；L：左；R：右
/******* 定 义 全 局 变 量 *******/
typedef struct snake               // 蛇身的一个节点
{
    int x;
    int y;
    struct snake *next;
}snake;
int score=0,add=10;                // 总得分与每次吃食物得分
int HighScore = 0;                 // 最高分
int status,sleeptime=200;          // 蛇前进状态，每次运行的时间间隔
snake *head, *food;                // 蛇头指针，食物指针
snake *q;                          // 遍历蛇的时候用到的指针
// 游戏结束的情况：1：撞到墙；2：咬到自己；3：主动退出游戏
int endgamestatus=0;
HANDLE hOut;                       // 控制台句柄
```

```
/******* 函 数 声 明 *******/
void gotoxy(int x,int y);              // 设置光标位置
int color(int c);                      // 更改文字颜色
void printsnake();                     // 用字符 --- 画蛇
void welcometogame();                  // 开始界面
void createMap();                      // 绘制地图
void scoreandtips();                   // 游戏界面右侧的得分和小提示
void initsnake();                      // 初始化蛇身、画蛇身
void createfood();                     // 创建并随机出现食物
int biteself();                        // 判断是否咬到了自己
void cantcrosswall();                  // 设置蛇撞墙的情况
void speedup();                        // 加速
void speeddown();                      // 减速
void snakemove();                      // 控制蛇前进方向
void keyboardControl();                // 控制键盘按键
void Lostdraw();                       // 游戏结束界面
void endgame();                        // 游戏结束
void choose();                         // 游戏失败之后的选择
void File_out();                       // 在文件中读取最高分
void File_in();                        // 将最高分储存进文件
void explation();                      // 游戏说明
/* 设置光标位置 */
void gotoxy(int x,int y)
{
    COORD c;
    c.X=x;
    c.Y=y;
    SetConsoleCursorPosition(GetStdHandle(STD_OUTPUT_HANDLE),c);
}
 /* 文字颜色函数。此函数的局限性：1. 只能在 Windows 系统下使用  2. 不能改变背景颜色 */
int color(int c)
{
// 更改文字颜色
    SetConsoleTextAttribute(GetStdHandle(STD_OUTPUT_HANDLE),c);
    return 0;
}
```

(2) 游戏欢迎界面包括游戏的名称、开始游戏、阅读游戏说明以及退出游戏。自定义一个 welcometogame 函数实现该功能，具体代码如下：

```
/* 开始界面 */
void welcometogame()
{
    int n;
    int i,j = 1;
    gotoxy(43,18);
    color(14);
    printf(" 贪 吃 蛇 大 作 战 ");
    color(15);                         // 白色边框
    for (i = 20; i <= 26; i++)         // 输出上下边框---
    {
        for (j = 27; j <= 74; j++)     // 输出左右边框┊
        {
            gotoxy(j, i);
            if (i == 20 || i == 26)
            {
                printf("-");
            }
            else if (j == 27 || j == 74)
            {
                printf("|");
            }
        }
    }
    color(11);
    gotoxy(35, 22);
    printf("1. 开始游戏 ");
    gotoxy(55, 22);
    printf("2. 游戏说明 ");
    gotoxy(35, 24);
    printf("3. 退出游戏 ");
    gotoxy(29,27);
    color(12);
```

```
        printf(" 请选择 [1 2 3]:[]\b\b");         //\b 为退格，使得光标处于 [] 中间
        color(14);
    scanf("%d", &n);                          // 输入选项
    switch (n)
    {
        case 1:
            system("cls");
            createMap();                      // 创建地图
            initsnake();                      // 初始化蛇身
            createfood();                     // 创建食物
            keyboardControl();                // 按键控制
            break;
        case 2:
            explation();                      // 游戏说明函数
            break;
        case 3:
            exit(0);                          // 退出游戏
            break;
        default:                              // 输入非 1 ～ 3 之间的选项
            color(12);
            gotoxy(40,28);
            printf(" 请输入 1 ～ 3 之间的数 !");
            getch();                          // 输入任意键
            system("cls");                    // 清屏
            printsnake();
            welcometogame();
    }
}
```

二、贪吃蛇游戏主窗体界面的实现

游戏主窗体由 3 部分组成，分别是游戏地图、蛇以及食物。

1. 设计游戏地图

贪吃蛇游戏地图是由深紫色的空心方块构成的边框 (程序中用到的特殊符号可以在搜狗输入法的符号大全中找到) 和深蓝绿色的实心方块构成的内部填充图案共同组成。自定义一个 createMap 函数来创建游戏地图，具体代码如下：

```c
/* 创建地图 */
void createMap()
{
    int i,j;
    for(i=0;i<58;i+=2)          // 打印上下边框
    {
        gotoxy(i,0);
        color(5);               // 深紫色的边框
        printf(" □ ");
        gotoxy(i,26);
        printf(" □ ");
    }
    for(i=1;i<26;i++)           // 打印左右边框
    {
        gotoxy(0,i);
        printf(" □ ");
        gotoxy(56,i);
        printf(" □ ");
    }
    for(i = 2;i<56;i+=2)        // 打印中间网格
    {
        for(j = 1;j<26;j++)
        {
            gotoxy(i,j);
            color(3);
            printf(" ■ ");
        }
    }
}
```

2. 绘制蛇身

蛇身由 5 个黄色的 ● 组成，在绘制蛇身的代码中，需要使用 while 循环语句来绘制蛇身，自定义一个 initsnake 函数来实现蛇身的绘制，具体代码如下：

```c
/* 初始化蛇身，画蛇身 */
void initsnake()
```

```
    {
        snake *tail;
        int i;
// 从蛇尾开始，头插法，以 x,y 设定开始的位置 //
        tail=(snake*)malloc(sizeof(snake));
        tail->x=24;                          // 蛇的初始位置 (24,5)
        tail->y=5;
        tail->next=NULL;
        for(i=1;i<=4;i++)                    // 设置蛇身，长度为 5
        {
            head=(snake*)malloc(sizeof(snake));  // 初始化蛇头
            head->next=tail;                 // 蛇头的下一位为蛇尾
            head->x=24+2*i;                  // 设置蛇头位置
            head->y=5;
            tail=head;                       // 蛇头变成蛇尾，然后重复循环
        }
        while(tail!=NULL)                    // 从头到尾，输出蛇身
        {
            gotoxy(tail->x,tail->y);
            color(6);
            printf(" ● ");                   // 输出蛇身
            tail=tail->next;                 // 蛇头输出完毕，输出蛇头的下一位，一直输出到蛇尾
        }
    }
```

3. 创建并随机出现的食物

在本游戏中，食物是随机出现的，但是这个随机也是有限制的，食物只能出现在网格中间，不能出现在网格线上，同时食物也不能和蛇身重合。食物用红色的★表示，自定义一个 createfood 函数实现随机出现食物，具体代码如下：

```
/* 随机出现食物 */
void createfood()
{
    snake *food_1;
    srand((unsigned)time(NULL));             // 初始化随机数
    food_1=(snake*)malloc(sizeof(snake));    // 初始化 food_1
```

```
// 保证其为偶数，使得食物能与蛇头对齐，然后食物会出现在网格线上
    while((food_1->x%2)!=0)
    {
        food_1->x=rand()%52+2;              // 食物随机出现
    }
    food_1->y=rand()%24+1;
    q=head;
    while(q->next==NULL)
    {
        if(q->x==food_1->x && q->y==food_1->y)  // 判断蛇身是否与食物重合
        {
            free(food_1);                   // 如果蛇身和食物重合，那么释放食物指针
            createfood();                   // 重新创建食物
        }
        q=q->next;
    }
    gotoxy(food_1->x,food_1->y);
    food=food_1;
    color(12);
    printf(" ★ ");                          // 输出食物
}
```

三、贪吃蛇游戏功能的实现

通过上述操作，已经实现了没有功能的贪吃蛇。接下来，编写函数实现贪吃蛇功能，即按键控制蛇的方向以及设置蛇撞墙情况。

1. 设置蛇撞墙情况

在游戏中，墙的长度已经在创建地图函数 createMap 中设定好了，长的坐标范围为 $0 \sim 56$，宽的坐标范围为 $0 \sim 26$。当蛇头的 x 坐标为 0 或 56 时，y 坐标为 0 或 26 时，说明蛇头坐标与游戏地图边界坐标重合，则判断为蛇撞到了墙。自定义一个 cantcrosswall 函数，判断蛇是否撞到墙。其具体代码如下：

```
/* 设置蛇撞墙的情况 */
void cantcrosswall()
{
// 如果蛇头碰到了墙壁
```

```
    if(head->x==0 || head->x==56 ||head->y==0 || head->y==26)
    {
        endgamestatus=1;              // 返回第一种情况
        endgame();                    // 出现游戏结束界面
    }
}
```

2. 控制蛇的方向

蛇头只能向左右转动，不能转向与前进方向相反的方向。比如，原本蛇是向上前进的，这时可以按左右方向键，但是不能按向下的方向键。自定义一个 snakemove 函数，实现通过键盘按键控制蛇前进方向。其具体代码如下：

```
/* 控制方向  */
void snakemove()                                  // 蛇前进, 上 U、下 D、左 L、右 R
{
    snake * nexthead;
    cantcrosswall();
    nexthead=(snake*)malloc(sizeof(snake));       // 为下一步开辟空间
    if(status==U)
    {
        nexthead->x=head->x;                      // 向上前进时，x 坐标不动，y 坐标 -1
        nexthead->y=head->y-1;
        nexthead->next=head;
        head=nexthead;
        q=head;                                   // 指针 q 指向蛇头
// 如果下一个位置有食物，下一个位置的坐标和食物的坐标相同
        if(nexthead->x==food->x && nexthead->y==food->y)
        {
            while(q!=NULL)
            {
                gotoxy(q->x,q->y);
                    color(6);
                printf(" ● ");                    // 原来食物的位置，由●换成★
// 指针 q 指向的蛇身的下一位也执行循环里的操作
                q=q->next;
            }
```

```
        score=score+add;                        // 吃了一个食物，在总分上加上食物的分
        speedup();
        createfood();                            // 创建食物
    }
    else
    {
        while(q->next->next!=NULL)               // 如果没有遇到食物
        {
            gotoxy(q->x,q->y);
            color(6);
            printf(" ● ");                        // 蛇正常往前走，输出当前位置的蛇身
            q=q->next;                            // 继续输出整个蛇身
        }
// 经过上面的循环，q 指向蛇尾，蛇尾的下一位，就是蛇走过去的位置
        gotoxy(q->next->x,q->next->y);
        color(3);
        printf(" ■ ");
        free(q->next);                           // 输出■之后，释放指向下一位的指针
        q->next=NULL;                            // 指针下一位指向空
    }
}
if(status==D)
{
    nexthead->x=head->x;                         // 向下前进时，x 坐标不动，y 坐标 +1
    nexthead->y=head->y+1;
    nexthead->next=head;
    head=nexthead;
    q=head;
    if(nexthead->x==food->x && nexthead->y==food->y)   // 有食物
    {
        while(q!=NULL)
        {
            gotoxy(q->x,q->y);
            color(6);
            printf(" ● ");
```

```
            q=q->next;
        }
        score=score+add;
        speedup();
        createfood();
    }
    else                            // 没有食物
    {
        while(q->next->next!=NULL)
        {
            gotoxy(q->x,q->y);
            color(6);
            printf(" ● ");
            q=q->next;
        }
        gotoxy(q->next->x,q->next->y);
        color(3);
        printf(" ■ ");
        free(q->next);
        q->next=NULL;
    }
}
if(status==L)
{
    nexthead->x=head->x-2;          // 向左前进时，x 坐标向左移动 -2，y 坐标不动
    nexthead->y=head->y;
    nexthead->next=head;
    head=nexthead;
    q=head;
    if(nexthead->x==food->x && nexthead->y==food->y)        // 有食物
    {
        while(q!=NULL)
        {
            gotoxy(q->x,q->y);
            color(6);
```

```
          printf(" ● ");
          q=q->next;
       }
      score=score+add;
      speedup();
      createfood();
    }
   else                              // 没有食物
    {
      while(q->next->next!=NULL)
      {
         gotoxy(q->x,q->y);
         color(6);
         printf(" ● ");
         q=q->next;
      }
      gotoxy(q->next->x,q->next->y);
      color(3);
      printf(" ■ ");
      free(q->next);
      q->next=NULL;
    }
 }
if(status==R)
{
   nexthead->x=head->x+2;             // 向右前进时，x 坐标向右移动 +2，y 坐标不动
   nexthead->y=head->y;
   nexthead->next=head;
   head=nexthead;
   q=head;
   if(nexthead->x==food->x && nexthead->y==food->y)      // 有食物
   {
      while(q!=NULL)
      {
         gotoxy(q->x,q->y);
```

```
                color(6);

                printf(" ● ");

                q=q->next;

            }

            score=score+add;

            speedup();

            createfood();

        }

        else                              // 没有食物

        {

            while(q->next->next!=NULL)

            {

                gotoxy(q->x,q->y);

                color(6);

                printf(" ● ");

                q=q->next;

            }

            gotoxy(q->next->x,q->next->y);

            color(3);

            printf(" ■ ");

            free(q->next);

            q->next=NULL;

        }

    }

}
```

3. 控制键盘按键

通过上下左右键来控制蛇身运动方向去吃食物，例如，如果按下右键，蛇就会向右运动，以此类推，如果按下空格键，游戏就会暂停。自定义一个 keyboardControl 函数来实现控制键盘按键的功能，具体代码如下：

```
/* 控制键盘按键 */
void keyboardControl()
{
    status=R;                    // 初始蛇向右移动
```

```
    while(1)
    {
      scoreandtips();
//GetAsyncKeyState 函数用来判断函数调用时指定虚拟键的状态
      if(GetAsyncKeyState(VK_UP) && status!=D)
      {
// 如果蛇不是向下前进的时候，按上键，执行向上前进操作
        status=U;
      }
// 如果蛇不是向上前进的时候，按下键，执行向下前进操作
      else if(GetAsyncKeyState(VK_DOWN) && status!=U)
      {
        status=D;
      }
// 如果蛇不是向右前进的时候，按左键，执行向左前进
      else if(GetAsyncKeyState(VK_LEFT)&& status!=R)
      {
        status=L;
      }
// 如果蛇不是向左前进的时候，按右键，执行向右前进
      else if(GetAsyncKeyState(VK_RIGHT)&& status!=L)
      {
        status=R;
      }
// 按暂停键，执行 pause 暂停函数
      if(GetAsyncKeyState(VK_SPACE))
      {
        while(1)
        {
/*sleep 函数对应的头文件语句为 #include <unistd.h>，其作用是令进程暂停，直到达到其设定的
时间参数为止 */
          Sleep(300);
          if(GetAsyncKeyState(VK_SPACE))          // 按空格键暂停
          {
            break;
```

```
            }

         }
      }
      else if(GetAsyncKeyState(VK_ESCAPE))
      {
         endgamestatus=3;                    // 按 Esc 键，直接到结束界面
         break;
      }
      else if(GetAsyncKeyState(VK_F1))         // 按 F1 键，加速
      {
         speedup();
      }
      else if(GetAsyncKeyState(VK_F2))         // 按 F2 键，减速
      {
         speeddown();

      }
      Sleep(sleeptime);
      snakemove();
   }
}
```

四、贪吃蛇游戏结束界面的实现

1. 游戏结束界面

蛇头撞到地图边界时，就会进入到游戏结束界面，游戏结束界面可以看到得分情况，同时能够选择游戏状态，即选择 1 重新进入游戏，选择 2 退出游戏。自定义 endgame 函数实现结束游戏，自定义 choose 函数用来控制选择游戏的状态，具体代码如下：

```
/* 结束游戏 */
void endgame()
{
   system("cls");
   if(endgamestatus==1)
   {
```

```
        Lostdraw();

        gotoxy(35,9);

        color(12);

        printf(" 对不起，您撞到墙了。游戏结束！ ");

    }

    else if(endgamestatus==2)

    {

        Lostdraw();

        gotoxy(35,9);

        color(12);

        printf(" 对不起，您咬到自己了。游戏结束！ ");

    }

    else if(endgamestatus==3)

    {

        Lostdraw();

        gotoxy(40,9);

        color(12);

        printf(" 您已经结束了游戏。");

    }

    gotoxy(43,12);

    color(13);

    printf(" 您的得分是 %d",score);

    if(score >= HighScore)

    {

        color(10);

        gotoxy(33,16);

        printf(" 创纪录啦！最高分被你刷新啦，真棒！！！ ");

        File_in();                 // 把最高分写进文件

    }

    else

    {

        color(10);

        gotoxy(33,16);

        printf(" 继续努力吧！你离最高分还差：%d",HighScore-score);

    }

    choose();
```

```c
}
/* 边框下面的分支选项 */
void choose()
{
    int n;
    gotoxy(25,23);
    color(12);
    printf(" 我要重新玩一局 -------1");
    gotoxy(52,23);
    printf(" 不玩了，退出吧 -------2");
    gotoxy(46,25);
    color(11);
    printf(" 选择： ");
    scanf("%d", &n);
    switch (n)
    {
    case 1:
        system("cls");              // 清屏
        score=0;                    // 分数归零
        sleeptime=200;              // 设定初始速度
        add = 10;                   // 使 add 设定为初值，吃一个食物得 10 分，然后累加
        printsnake();               // 返回欢迎界面
        welcometogame();
        break;
    case 2:
        exit(0);                    // 退出游戏
        break;
    default:
        gotoxy(35,27);
        color(12);
        printf("※※ 您的输入有误，请重新输入 ※※");
        system("pause >nul");
        endgame();
        choose();
        break;
    }
}
```

2. 主函数

主函数设置了控制台的宽和高，调用了 welcometogame 函数、keyboardControl 函数以及 endgame 函数，实现整个游戏功能，具体代码如下：

```
/* 主函数 */
int main()
{
    system("mode con cols=100 lines=30");        // 设置控制台的宽和高
    printsnake();
    welcometogame();
    File_out();
    keyboardControl();
    endgame();
    return 0;
}
```

五、实训效果

游戏欢迎界面的运行效果如实训图 1-2 所示，游戏主窗体的运行效果如实训图 1-3 所示，游戏结束界面运行效果如实训图 1-4 所示。

◆ 实训图 1-2　游戏欢迎界面

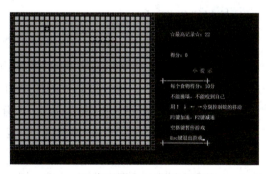

◆ 实训图 1-3　游戏主窗体

◆ 实训图 1-4　游戏结束界面

实训 2　智能跟随系统

实训设置意义

　　智能跟随系统的研究是近几年的热点，旨在满足跟随婴儿车、平衡车、高尔夫球车、购物车、特种机器人等的应用，给人们的生活和工作带来便利。

　　本实训介绍一个简易的智能跟随系统，该系统软件部分由 C 语言编译而成。本实训设计可以在婴儿车、仓库搬运车以及购物车上安装，实现稳定的智能跟随功能，从而减轻一定的人力和精力，可适当提高工作效率，增加生活乐趣。

实训功能分析

1. 控制部分

　　智能跟随系统的主控制部分是以 STC89C52 单片机为核心的多功能电路拓展板，可以拓展 LCD1602 液晶显示屏作为探测距离数据的显示，同时集成了以蜂鸣器为主体的报警系统。实训图 2-1 标注了核心控制板的模块功能，其中，STC89C52 是 STC 公司生产的一种低功耗、高性能 CMOS 8 位微控制器，具有 8 KB 系统可编程 Flash 存储器。STC89C52 使用经典的 MCS-51 内核，但是对其做了很多的改进使得该芯片具有传统的 51 单片机所不具备的功能。在单芯片上，拥有灵巧的 8 位 CPU 和可编程 Flash，使得 STC89C52 可以为众多嵌入式控制应用系统提供高灵活、超有效的解决方案。

2. 传感部分

　　本系统设计运用了成熟的超声波测距技术。超声传感器用来测量目标人体和跟踪设备之间的距离，从而确定跟随设备的行进路径，定位的基础是基于超声波测距。同时，在超声波传感器探头左右两侧的一定距离处各装一对红外线传感器收发探头，解决了超声波探测系统波束角的局限性，使得探测设备在左右方位也灵活自如。该部分硬件如实训图 2-2 所示。

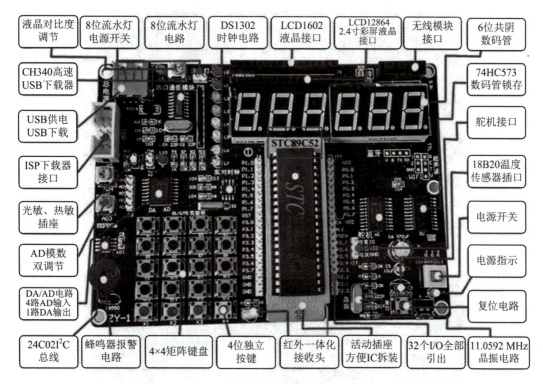

◆ 实训图 2-1　核心控制板

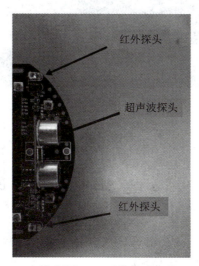

◆ 实训图 2-2　系统传感部分

3. 整体功能

本系统的核心控制板上有按键启动系统，设定 30 ～ 100 cm 为跟随距离，当与被跟随物体之间的距离大于 30 cm 时设备开始跟随，液晶显示屏上时刻显示着与被跟随物体之间的距离，如实训图 2-3 所示。同时，借助红外感应系统实现灵活左右转向与跟随，如实训图 2-4 所示。一旦目标失踪，显示屏就会显示"Out of range"，同时蜂鸣器报警。

◆ 实训图 2-3　系统直行跟随

◆ 实训图 2-4　系统左右跟随

跟随系统项目　　青年科普创新实　　跟随系统软件
　　解析　　　　验大赛作品介绍　　　　解析

 **实训制作步骤**

一、系统启动功能设计与实现

本实训代码由 Keil Software 公司出品的 51 系列兼容单片机 C 语言软件开发系统 Keil C51 编译而成，其主要的功能代码如下：

(1) 系统的头文件、宏定义以及函数声明的具体代码如下：

```
#include<AT89X52.H>                // 标准单片机库
#include<HJ-4WD_PWM.H>             // PWM 电机控制库
#include <intrins.h>               // 单片机指令函数库
#include "LCD1602display.h"        // 液晶显示库
```

```
/******* 宏定义功能管脚 *******/
#define  TX  P2_1
#define  RX  P2_0
/******* 定义全局变量 *******/
sbit DU = P2^6;                                    //LCD1602 液晶屏的段管脚定义
sbit WE = P2^7;                                    //LCD1602 液晶屏的位管脚定义
unsigned char code Range[] ="==Range Finder==";    //LCD1602 显示格式
unsigned char code ASCII[13] = "0123456789.-M";
unsigned char code table[]="Distance:000.0cm";
unsigned char code table1[]="!!! Out of range";
// 用于存放距离的值
unsigned char disbuff[4]={0,0,0,0};
unsigned int  time1=0;                             // 用于存放定时器时间值
unsigned long S=0;                                 // 用于存放距离的值
bit  flag =0;                                      // 量程溢出标志位
bit  turn_right_flag;
```

(2) 系统的启动和提示代码。长按启动键设置，用 for 循环语句配合 if 语句实现。为防止错按或者误判，通过 for 循环 50 次来确认，其中用到了 goto 语句来复位此操作，成功启动后蜂鸣器发出声音表示提示。

```
/* 判断启动按钮 K3 是否按下 */
B:    for(i=0;i<50;i++)
      {
      //1 ms 内判断 50 次，如果其中有一次被判断到 K3 没按下，便重新检测
      delay(1);
      if(P3_6!=0)        // 当 K3 按下时，启动系统
      goto B;            // 跳转到标号 B，重新检测
}
      BUZZ=0;            //50 次检测 K4 确认按下之后，蜂鸣器发出"滴"声响，然后启动小车
      delay(50);
      BUZZ=1;            // 响 50 ms 后关闭蜂鸣器
```

二、超声波测距和跟随功能的实现

本系统利用超声波传感器向正前方测距，通过测量距离的值来判断跟随或停止。超声波测距和跟随功能代码如下。此部分代码利用了超声波的特性实现了前方物体的距离测试

与位置估算，利用 if 条件语句给系统前进设定了跟随的距离和警报距离，同时将距离换算成数据显示在液晶屏上。

```c
/* 超声波高电平脉冲宽度计算程序 */
void Timer_Count(void)
   {
   TR1=1;                  // 开启计数
   while(RX);              // 当 RX 为 1 时，开始计数并等待
   TR1=0;                  // 关闭计数
   Conut();                // 计算
}
void Conut(void)          // 计算距离函数
{
   time1=TH1*256+TL1;
   TH1=0;
   TL1=0;  /* 此时 time 的时间单位取决于晶振的速度，当外接晶振为 11.0592 MHz 时，time 的值
为 0.54μs*time，单位为 μs，1 μs 声波走的距离为 0.34 mm，但是，因为现在计算的是从超声波发射到
反射接收的双路程，所以将计算的结果除以 2 才是实际的路程 */
   S=time1*2;              // 先算出一共的时间是多少微秒
   S=S*0.17;              // 此时计算结果的单位为毫米，并且精确到毫米的后两位
   if(S>=300&&S<=1000)    // 判断测试距离是否为 30 ～ 100 cm
      {
      if(turn_right_flag!=1)
       {
         P1=0X00;         // 关闭电机
         Delay1ms(50); // 小车自动复位的时候，可以稍微延时减少电机反向电压对电路板的冲击
       }
       turn_right_flag=1;
        run();            // 系统跟随前进
      }
   else
      {
        P1=0X00;          // 否则系统关闭电机，停止不动
      }

   if((S>=1000)||flag==1)  // 超出测量范围，距离大于 100 cm
```

```
        {
        flag=0;
        DisplayListChar(0, 1, table1);              // 液晶屏显示"out of range"
         P1=0X00;                                    // 系统关闭电机
        Delay1ms(50);
         BUZZ=0;                                     // 蜂鸣器发出连续"滴"的声响
         Delay1ms(500);
         BUZZ=1;
        }
        else                                         // 显示跟随的距离
        {
        disbuff[0]=S%10;
        disbuff[1]=S/10%10;
        disbuff[2]=S/100%10;
        disbuff[3]=S/1000;
        DisplayListChar(0, 1, table);
        DisplayOneChar(9, 1, ASCII[disbuff[3]]);
        DisplayOneChar(10, 1, ASCII[disbuff[2]]);
        DisplayOneChar(11, 1, ASCII[disbuff[1]]);
        DisplayOneChar(12, 1, ASCII[10]);
        DisplayOneChar(13, 1, ASCII[disbuff[0]]);
        }
    }
```

三、红外跟随功能的实现

系统中，两端的红外收发管能够实现左右跟随的功能。

红外感应系统实现灵活左右转动跟随的代码如下。在 while 的循环语句里，不断地对系统两端的红外信号进行检测，内部通过 if 语句来判断是否左右跟随还是跳转到超声波测试函数 Timer_Count。

```
/* 红外感应功能 */
while(1)                                         // 无限循环
  {
     RX=1;
     if(Left_1_led==1&&Right_1_led==0)           // 右边检测到红外信号
        {
```

```
        rightrun();                        // 调用系统右转函数
      }
    else
    {
    if(Left_1_led==0&&Right_1_led==1)      // 左边检测到红外信号
       {
         leftrun();                        // 调用系统左转函数
       }
    if(Left_1_led==1&&Right_1_led==1)      // 没检测到红外信号
        {
          StartModule();                   // 重启模块
       for(a=951;a>0;a--)
          {
              if(RX==1)
            {
             Timer_Count();                // 进行超声波模块检测的函数
             }
           }
        }
    if(Left_1_led==0&&Right_1_led==0)      // 两边都检测到红外信号
        {
          StartModule();                   // 重启模块
          for(a=951;a>0;a--)
          {
             if(RX==1)
            {
           Timer_Count();                  // 进行超声波模块检测的函数
            }
          }
        }
      }
    }
```

四、系统速度调节功能的实现

系统采用 PWM 对电机进行调制，实现了系统在跟随中的速度调节与控制。

　　系统 PWM 电机的控制代码如下。此部分代码为系统控制电机转动的子函数，通过两个电机的旋转方向来实现跟随系统的前进、后退、左转以及右转。

```
// 电机控制
// 均速前进函数
void run(void)
{
    push_val_left=10;        // 速度调节变量为 0 ～ 20。0 最小，20 最大
    push_val_right=10;
    Left_moto_go;            // 左电机往前走
    Right_moto_go;           // 右电机往前走
}
// 后退函数
void backrun(void)
{
    push_val_left=8;         // 速度调节变量为 0 ～ 20。0 最小，20 最大
    push_val_right=8;
    Left_moto_back;          // 左电机往前走
    Right_moto_back;         // 右电机往前走
}
// 左转函数
void leftrun(void)
{
    push_val_right=8;
    Right_moto_go ;          // 右电机往前走
        Left_moto_Stop ;     // 左电机停止
}
// 右转函数
void rightrun(void)
{
    push_val_left=8;
    Left_moto_go;            // 左电机往前走
    Right_moto_Stop;         // 右电机停止
}
```

⚙ 本书习题参考答案

读者可扫描下面的二维码查看本书各模块习题答案。

参 考 文 献

[1]　谭浩强 . C 程序设计 [M]. 5 版 . 北京：清华大学出版社 , 2016.

[2]　叶福兰 , 谢人强 , 傅龙天 . C 语言程序设计 [M]. 北京：清华大学出版社 , 2017.

[3]　黄洪艺 , 李慧琪 , 张丽丽 . C 语言程序设计 [M]. 4 版 . 北京：清华大学出版社 , 2017.

[4]　陈家俊 , 符茂胜 . C 语言程序设计教程 [M]. 北京：人民邮电出版社 , 2017.

[5]　胡春安 , 欧阳城添 , 王俊岭 . C 语言程序设计教程 [M]. 北京：人民邮电出版社 , 2017.

[6]　刘三满 , 白宁 , 李丽蓉 . C 语言程序设计教程 [M]. 北京：清华大学出版社 , 2018.

[7]　王淑琴 . C 语言程序设计教程 [M]. 北京：中国铁道出版社 , 2017.

[8]　王娟勤 . C 语言程序设计教程 [M]. 北京：清华大学出版社 , 2017.

[9]　小甲鱼 . 零基础入门学习 C 语言 [M]. 北京：清华大学出版社 , 2019.

[10]　明日科技 . C 语言精彩编程 200 例 [M]. 吉林：吉林大学出版社 , 2017.

[11]　周雅静 . C 语言程序设计项目化教程 [M]. 北京：电子工业出版社 , 2019.

参考文献